Integrierte Energieversorgung
in geschlossenen Verteilernetzen

Veröffentlichungen des Instituts für deutsches und europäisches Wirtschafts-, Wettbewerbs- und Regulierungsrecht der Freien Universität Berlin

Herausgegeben von Franz Jürgen Säcker

Band 14

PETER LANG
Frankfurt am Main · Berlin · Bern · Bruxelles · New York · Oxford · Wien

Franz Jürgen Säcker / Maik Wolf

Integrierte Energieversorgung in geschlossenen Verteilernetzen

Zum Gestaltungsspielraum des Gesetzgebers zur Neuregelung des § 110 EnWG im Lichte des Dritten EG-Energiepakets

PETER LANG
Internationaler Verlag der Wissenschaften

Bibliografische Information der Deutschen Nationalbibliothek
Die Deutsche Nationalbibliothek verzeichnet diese Publikation in der Deutschen Nationalbibliografie; detaillierte bibliografische Daten sind im Internet über http://dnb.d-nb.de abrufbar.

Gedruckt auf alterungsbeständigem, säurefreiem Papier.

ISSN 1863-494X
ISBN 978-3-631-59821-4

www.peterlang.de

Vorwort

Die generelle Freistellung der Objektnetze von den Regulierungsvorschriften des Energiewirtschaftsgesetzes in § 110 EnWG hat zu vielen großen und kleinen Verteilernetzen in Deutschland geführt, die nicht der Kontrolle der Regulierungsbehörden unterstehen und bei denen daher eine Zugangs- und Entgeltregulierung nicht stattfindet. Begünstigt von der Regelung waren moderne Industrieparks, Flughäfen, Bahnhöfe bis hin zu Einkaufszentren und Campingplätzen. Durch die Entscheidung des Europäischen Gerichtshofes vom 22.5.2008 ist aber verbindlich geklärt, dass § 110 Abs. 1 Nr. 1 EnWG zu weitreichende Ausnahmen von EG-Recht zulässt und die Vorschrift daher nicht mehr anwendbar ist. Das soeben verabschiedete sog. Dritte EG-Energiepaket sieht in Art. 28 der StromRL und der GasRL vor, dass unter bestimmten Voraussetzungen sog. geschlossene Verteilernetze von den EG-Mitgliedstaaten von den allgemeinen Vorschriften über die Ex-ante-Preisgenehmigung und die Vorhaltung von Regelenergie befreit werden können, im Übrigen aber den Vorschriften des Regulierungsrechts einschließlich der Kontrolle durch die Regulierungsbehörden unterstellt sind. Auch Objektnetze müssen daher in Zukunft den Netzzugang Dritter zu angemessenen Bedingungen (§§ 20, 21 EnWG) gewährleisten; andernfalls droht ein Missbrauchsverfahren nach § 30 EnWG. Auch das buchhalterische Unbundling (§ 10 EnWG) ist zur Ermittlung der Netzkosten im Rahmen der §§ 21, 30 EnWG eine unverzichtbare Bedingung, von der der nationale Gesetzgeber nicht freistellen kann.

Schwierige Probleme ergeben sich in der Übergangsphase zwischen altem, nicht mehr anwendbarem Recht und neuem Recht, bis Art. 28 Strom- und GasRL vom Gesetzgeber in das nationale Recht transformiert ist. Hier ist viel Augenmaß gefragt. Das Buch gibt dazu und zur Interpretation der EG-rechtlichen Neuregelung Hinweise, die auch dem Gesetzgeber helfen mögen, Art. 28 sachgerecht in das deutsche Energierecht umzusetzen, und zwar möglichst frühzeitig, damit die mit viel Rechtsunsicherheit verbundene Übergangsphase baldmöglichst endet.

Berlin, im August 2009

Franz Jürgen Säcker

Maik Wolf

Inhaltsverzeichnis

Abkürzungsverzeichnis

a.A.	anderer Ansicht
ABl.	Amtsblatt
a.F.	alter Fassung
Alt.	Alternative
AöR	Archiv des öffentlichen Rechts (Zeitschrift)
Art.	Artikel
Az.	Aktenzeichen
BB	Betriebs-Berater (Zeitschrift)
Bd.	Band
Beschl.	Beschluss
BGBl.	Bundesgesetzblatt
BGH	Bundesgerichtshof
BR-Drucks.	Drucksache des deutschen Bundesrates
BT-Drucks.	Drucksache des deutschen Bundestages
BVerfG	Bundesverfassungsgericht
BVerfGE	Entscheidungen des Bundesverfassungsgerichts
bzw.	beziehungsweise
ca.	circa
C.M.L.Rev	Common Market Law Review (Zeitschrift)

CuR	Computer und Recht (Zeitschrift)
DB	Der Betrieb (Zeitschrift)
ders.	derselbe
d.h.	das heißt
DÖV	Die öffentliche Verwaltung (Zeitschrift)
DVBl.	Deutsches Verwaltungsblatt (Zeitschrift)
EG	Europäische Gemeinschaft(en) / EG Vertrag
Einl.	Einleitung
E.L.Rev	European Law Review (Zeitschrift)
endg.	endgültig
Entsch.	Entscheidung
EnWG	Gesetz über die Elektrizitäts- und Gasversorgung (Energiewirtschaftsgesetz) Artikel 1 des Gesetzes vom 07.07.2005 (BGBl. I S. 1970, ber. 3621), in Kraft getreten am 13.07.2005 zuletzt geändert durch Gesetz vom 25.10.2008 (BGBl. I S. 2074) m.W.v. 01.01.2009
et	energiewirtschaftliche Tagesfragen (Zeitschrift)
etc.	et cetera
EU	Europäische Union
EuG	Europäisches Gericht erster Instanz
EuGH	Gerichtshof der Europäischen Gemeinschaften

EuGRZ	Europäische Grundrechtszeitschrift (Zeitschrift)
EuR	Europarecht (Zeitschrift)
EuZW	Europäische Zeitschrift für Wirtschaftsrecht (Zeitschrift)
EWS	Europäisches Wirtschafts- und Steuerrecht (Zeitschrift)
f./ff.	und der (die) folgende(n)
Fn.	Fußnote(n)
FS	Festschrift
GA	Generalanwalt
GasNEV	Verordnung über die Entgelte für den Zugang zu Gasversorgungsnetzen, Gasentgeltverordnung vom 25.07.2005 (BGBl. I S. 2197)
GasRL 2003	Richtlinie 2003/55/EG des europäischen Parlaments und des Rates vom 26. Juni 2003 über gemeinsame Vorschriften für den Erdgasbinnenmarkt-„Gasrichtlinie“ und zur Aufhebung der RL 98/30/EG, ABl. EG 2003 Nr. L 296/34.
GasRL 2009	Richtlinie 2009/73/EG des Europäischen Parlaments und des Rates vom 13. Juli 2009 über gemeinsame Vorschriften für den Erdgasbinnenmarkt und zur Aufhebung der Richtlinie 2003/55/EG, ABl. EU 2009 Nr. L 211/94
gem.	gemäß

GG	Grundgesetz für die Bundesrepublik Deutschland
vom	23.05.1949 (BGBl. I S. 1) zuletzt geändert durch Ge-
setz	vom 17.07.2009 (BGBl. I S. 1977) m.W.v. 23.07.2009
ggf.	gegebenenfalls
GPR	Zeitschrift für Gemeinschaftsprivatrecht (Zeitschrift)
GWB	Gesetz gegen Wettbewerbsbeschränkungen in der Fassung der Bekanntmachung vom 15.07.2005 (BGBl. I S. 2114) zuletzt geändert durch Gesetz vom 25.05.2009 (BGBl. I S. 1102) m.W.v. 29.05.2009
GWF	Das Gas- und Wasserfach (Zeitschrift)
Hrsg.	Herausgeber
Hs.	Halbsatz
insb.	insbesondere
IR	InfrastrukturRecht (Zeitschrift)
i.S.	im Sinne
i.V.m.	in Verbindung mit
JURA	Juristische Ausbildung (Zeitschrift)
JZ	Juristenzeitung (Zeitschrift)
KG	Kammergericht
LG	Landgericht
lit.	litera (Buchstabe)
MMR	Multimedia und Recht (Zeitschrift)

m.w.N.	mit weiteren Nachweisen
N&R	Netzwirtschaften und Recht (Zeitschrift)
n.F.	neuer Fassung
NJW	Neue Juristische Wochenschrift (Zeitschrift)
Nr.	Nummer
NVwZ	Neue Zeitschrift für Verwaltungsrecht (Zeitschrift)
NZA	Neue Zeitschrift für Arbeitsrecht (Zeitschrift)
OLG	Oberlandesgericht
RdE	Recht der Energiewirtschaft (Zeitschrift)
RdNr.	Randnummer(n)
RGZ	Amtliche Sammlung von Entscheidungen des Reichsgerichts in Zivilsachen
RIW	Recht der internationalen Wirtschaft (Zeitschrift)
RL	Richtlinie
Rs.	Rechtssache(n)
Rspr.	Rechtsprechung
S.	Satz/Seite(n)
s.	siehe
Slg.	(amtliche) Sammlung der Entscheidungen des EuGH und des EuG
s.o.	siehe oben
sog.	so genannte(r, s)

st. Rspr.	ständige(r) Rechtsprechung
Strom NEV	Verordnung über die Entgelte für den Zugang zu Elektrizitätsversorgungsnetzen, Stromnetzentgeltverordnung vom 25.07.2005 (BGBl. I S. 2225)
StromRL 2003	Richtlinie 2003/54/EG des europäischen Parlaments und des Rates vom 16.06.2003 über gemeinsame Vorschriften für den Elektrizitätsbinnenmarkt und zur Aufhebung der RL 96/92/EG, ABl. EG 2003 Nr. L 176/37
StromRL 2009	Richtlinie 2009/72/EG des Europäischen Parlaments und des Rates vom 13. Juli 2009 über gemeinsame Vorschriften für den Elektrizitätsbinnenmarkt und zur Aufhebung der Richtlinie 2003/54/EG, ABl. EU 2009 Nr. L 211/55
s.u.	siehe unten
TKG	Telekommunikationsgesetz Gesetz vom 22.06.2004 (BGBl. I S. 1190) zuletzt geändert durch Gesetz vom 19.04.2009 (BGBl. I S. 994) m.W.v. 01.07.2009
u.a.	und andere/unter anderem
Urt.	Urteil
v.	von/vom
v.a.	vor allem
verb.	verbundene(r)
VerwArch	Verwaltungsarchiv (Zeitschrift)

vgl.	vergleiche
VO	Verordnung
WuW	Wirtschaft und Wettbewerb (Zeitschrift)
WuW/E	Wirtschaft und Wettbewerb - Entscheidungs-sammlung
WuW/E DE-R	Wirtschaft und Wettbewerb - Entscheidungs-sammlung-Deutschland-Rechtsprechung
WuW/E OLG	Wirtschaft und Wettbewerb - Entscheidungen der Ober landesgerichte
ZaöRV	Zeitschrift für ausländisches und öffentliches Recht (Zeitschrift)
z.B.	zum Beispiel
ZEuS	Zeitschrift für europarechtliche Studien (Zeitschrift)
ZfE	Zeitschrift für Energiewirtschaft
ZHR	Zeitschrift für das gesamte Handelsrecht und Wirtschaftsrecht
Ziff.	Ziffer
ZIP	Zeitschrift für Wirtschaftsrecht (Zeitschrift)
ZfRV	Zeitschrift für Rechtsvergleichung (Zeitschrift)
ZNER	Zeitschrift für neues Energierecht (Zeitschrift)
ZWeR	Zeitschrift für Wettbewerbsrecht (Zeitschrift)
ZZP	Zeitschrift für Zivilprozeß (Zeitschrift)

I. Industrieparks als Energieversorger

Viele Bundesländer und Kommunen haben zur Stärkung der regionalen und lokalen Wirtschaftskraft Industrieparks („industrial sites") eingerichtet und deren Infrastruktur an die Bedürfnisse ansiedlungswilliger Industrieunternehmen angepasst. Zwischen Betreibern und Industrieunternehmen werden dabei oftmals neben Grundstücksnutzungs- auch Infrastruktureinrichtungsverträge abgeschlossen. Ebenso wird häufig ein Rahmenvertrag über die vom Betreiber zu erbringenden Serviceleistungen (Pflicht- und Wahlleistungen) abgeschlossen, die unter dem Aspekt von economies of scope vom Betreiber des Industrieparks zentral angeboten werden. Industrieparks sind teilweise auch auf dem Gelände großer Industrieunternehmen entstanden, die konzerninterne Ausgliederungen, Aus- und Abspaltungen vorgenommen haben (sog. konzerninterne Industrieparks), oder die sich nach Fokussierung ihrer Tätigkeit auf Kernbereiche von Randbereichen getrennt und Teile ihres Werksgeländes an Fremdfirmen verpachtet haben (sog. drittbezogene Industrieparks). In der Realität existieren aber auch vielfach Mischformen zwischen konzerninternen und drittbezogenen Industrieparks (hybride Industrieparks).

In all diesen Fällen kann es unter dem Aspekt der Rationalisierung und Kostensenkung sinnvoll sein, dass die von allen Firmen auf dem Industriepark benötigten Dienstleistungen von der Betreiberin des Parks einheitlich erbracht werden. Eine der wichtigsten Dienstleistungsfunktionen im Gesamtdienstleistungspaket ist neben der

Gewährleistung der Sicherheit des Werksgeländes die Übernahme der Energie- (Elektrizität, Gas, Wärme) und Wasserversorgung sowie die Abwasserentsorgung. Mit der gleichzeitigen Tätigkeit als Betreiber von Energieversorgungsnetzen und als Energielieferant treten die Betreiber der Industrieparks regelmäßig als vertikal integrierte Energieversorgungsunternehmen gemäß § 3 Nr. 38 EnWG auf. An solche stellt das Energiewirtschaftsrecht grundsätzlich[1] besondere Unbundling-Anforderungen (§§ 6 ff. EnWG). Daneben gelten unter anderem die sektorspezifischen Anschluss- und Zugangsverpflichtungen (§§ 17 ff. EnWG).

1 Zu den Ausnahmen s.u. III. u. IV.

II. Der Industriepark als im Wettbewerb stehendes Vollversorgungskonzept

Industrieparks stehen - anders als typische Netze der allgemeinen Versorgung - oftmals im internationalen Wettbewerb. Bei vielen Produkten sind die Produktionsstandorte untereinander austauschbar. Die Produzenten weisen ein gewisses Maß an Flexibilität in Bezug auf Standortentscheidungen auf. Nicht selten positionieren sich diese Unternehmen im globalen Marktumfeld neu und verlagern ganze Produktionseinheiten ins Ausland. Neuansiedelungen finden nur in einem hart umkämpften Wettbewerb auf Basis objektiver Standortvorteile statt. Dieser Wettbewerbsdruck führt dazu, dass Industrieparkbetreiber ihren Kunden ein Gesamtdienstleistungspaket möglichst günstig anbieten müssen.[2] Dies gilt insbesondere für Dienstleistungen im Zusammenhang mit der Energieversorgung, da die Energiekonditionen im Rahmen von Standortentscheidungen einen bedeutsamen, häufig sogar den ausschlaggebenden Entscheidungsfaktor darstellen können, wenn die Energiekosten einen erheblichen Teil der Kosten eines Industrieunternehmens ausmachen.

Vor allem für auf komplementäre Produktionsanlagen ausgerichtete Industrieparks ist der eng geknüpfte Produkt-, Energie- und Logistikverbund ein wesentliches Kennzeichen. Der Verbundcharakter erlaubt es, in großem Maße Produkte und Rohstoffe zwischen dem

2 Für von Kommunen betriebene Industrieparks besteht dabei eine beihilferechtliche Günstigkeitsgrenze. Vgl. die Entscheidung der Kommission v. 24.4.2002, ABl. EG 2002 Nr. L 282/57 - Industriepark Wörth, in der die geringe Miethöhe auf ihren Beihilfencharakter untersucht wurde.

Betreiber und seinen Kunden, aber auch zwischen den Kunden untereinander, in allen Richtungen kostengünstig zu tauschen. Als Beispiel sei die Aufnahme von Abhitze angeführt, die Unternehmen im Rahmen ihres Produktionsprozesses erzeugen und die vom Industrieparkbetreiber anschließend für die Wiedereinspeisung in die Dampfversorgung verbundoptimal genutzt wird. Ein weiteres Beispiel stellt die Stromproduktion durch Ersatzbrennstoffanlagen oder in Form der energetisch und klimatisch vorteilhaften Kraft-Wärme-Kopplung. Wird ein erheblicher Anteil des Standortstrombedarfs in Standortkraftwerken in Form der Kraft-Wärme-Kopplung produziert, kann die Stromabnahme direkt an die Dampfabnahme gekoppelt werden. Kunden profitieren damit wechselseitig von dem Abnahmeverhalten der ihnen benachbarten Unternehmen.

Integrierte Industrieparkversorgungsnetze zeichnen sich im Gegensatz zu den üblichen Netzen der allgemeinen Versorgung infolgedessen durch individuelle, standortspezifische Versorgungskonzepte aus. Hauptgrund dafür sind oftmals die besonderen Ansprüche der Kunden an die Versorgungszuverlässigkeit und Versorgungssicherheit, die auch innerhalb des Sicherheitskonzeptes bei der Genehmigung von auf kontinuierliche Energieversorgung angewiesenen Anlagen berücksichtigt werden müssen. Dazu gehören z.B. die Inselbetriebsfähigkeit (Unabhängigkeit vom europäischen Verbundnetz), die Schwarzstartfähigkeit, redundante Netzstrukturen bis in die Endverteilungsebene und hohe Automatisierungsgrade in der gekoppelten Prozessführung/-überwachung oder bestimmte Anforderungen an die Behandlung von Netzrückwirkungen. Die Netzstrukturen müssen diesen besonderen Anforderungen Rechnung tragen. So weisen z.B. die Netze für energieunterbrechungssensible produzierende Industrien zur Vermeidung von Produktionsausfällen eine höhere Versorgungssicherheit auf als die üblichen Netze der allgemeinen Versorgung.

Exemplarisch seien hier Chemieparks genannt. Sie schneiden bei den einschlägigen Kennzahlen wie Unterbrechungshäufigkeit und Nichtverfügbarkeit um den Faktor 4-10 deutlich besser ab als Netze der allgemeinen Versorgung. Hohe Verfügbarkeitsraten und redundante Netze haben in diesen Industrien darüber hinaus Einfluss auf die Genehmigungssituation der Chemieproduktion, z.B. für die Absicherung der Notversorgung. Entsprechend den Anforderungen der chemietypischen Verbraucherstruktur sind in den Stromnetzen der Chemieparks erheblich höhere Netzrückwirkungen zugelassen als in öffentlichen Netzen. Eine Kompensation wird, soweit erforderlich, durch den Chemieparkbetreiber kostenoptimal durchgeführt und im Rahmen des Dienstleistungspakets abgerechnet. Dies gilt auch für die Blindleistungskompensation. Eine Herauslösung des Stromnetzes aus dem Gesamtdienstleistungspaket hätte für viele Unternehmen kurzfristig eine erhebliche Belastung für die heute mit geringen Kosten durch den Chemieparkbetreiber durchgeführte Kompensation zur Folge. Diese kundenstrukturspezifischen Lösungen unterscheiden die Netzstrukturen in Chemieparks von den typischen Netzen der allgemeinen Versorgung.

III. Die EG-rechtliche Privilegierung von Industrienetzen im Dritten Energiepaket

Der deutsche Gesetzgeber wollte den Besonderheiten der Industrieparks mit dem missglückten[3] § 110 EnWG Rechnung tragen, indem er sie von den Regulierungsvorschriften des EnWG befreite. Die Be-

---

3 Die Auslegung der Vorschrift hat bereits zu zahlreichen lebhaften Kontroversen geführt. Vgl. *Boesche/Wolf*, Viel Lärm um kleine Netze. 110 EnWG und die Behandlung von Objekt- und Arealnetzen nach den §§ 17, 20 EnWG und §§ 19, 20 GWB, ZNER 2005, 285ff.; *dies.*, Das Ende der „kleinen" Netze, ZNER 2008, 23ff.; *Buntscheck*, Strom-Contracting nach „Mainova" - Ansprüche des Arealnetzbetreibers auf Anschluss an das vorgelagerte Mittelspannungsnetz, CuR 2005, 3ff.; *Burmeister/Krause*, Werksnetze: Der Versuch einer Begriffsbestimmung im novellierten EnWG, emw 2005, 22ff.; *de Wyl/Becker*, Die Objektnetzausnahme des § 110 EnWG, ZNER 2006, 101ff.; *Gabler*, Regulierung privater Netze? CuR 2007, 128ff.; *Habich*, Objektnetze: Praktikabler Ausweg aus der Regulierung? DVBl. 2006, 211ff.; *Hartmann/Hackert*, Arealnetze und Objektversorgung im Belastungsausgleich nach dem Erneuerbare-Energien-Gesetz - die bemerkenswerte Karriere eines Urteils, RdE 2005, 160ff.; *Krebs*, Die Entscheidung der Regulierungsbehörde nach § 110 Abs. 4 EnWG, RdE 2006, 115ff.; *ders.*, Objektnetze im neuen Energiewirtschaftsgesetz, ew 2005, 20ff.; *Kussel*, Der Rechtsrahmen für die Privilegierung von Objektnetzen nach § 110 EnWG, N&R 2007, 21ff.; *Leinenbach*, Die Feststellung des Objektnetzstatus durch die Regulierungsbehörde, CuR 2006, 50ff.; *Lippert*, Beitrag der Arealversorgung zu einer zukunftsfähigen Energieversorgung - Rechtlicher Rahmen, WiVerw 2005, 84ff.; *ders.*, Typen der Arealversorgung und das zukünftige Energiewirtschaftsrecht, in: Zwischen Abgabenrecht und Verfassungsrecht, 2005 (hrsg. v. Hans-Jörg Birk), S. 296ff.; *Meinhold*, Netzanschluss von Areal- und Objektnetzen nach „Mainova" und dem neuen EnWG, Auftrieb für Kraft-Wärme-Kopplung und Contracting? ZNER 2005, 196ff.; *Ortlieb*, Objektnetze - Schlussanträge des Generalanwaltes Jan Mazak (Aktenzeichen C-439/06) vom 13. Dezember 2007 zur Frage der Europarechtswidrigkeit von § 110 EnWG, ZNER 2008, 49f.; *Rosin*, Die Privilegierung von Objektnetzen nach § 110 EnWG, RdE 2006, 9ff.; *Salje*, Möglichkeiten und Grenzen zur Freistellung von eigenerzeugtem Strom von der EEG-Umlage, IR 2008, 102ff.; *Schau*, Wann ist ein Netz ein Netz? (Teil 1), IR 2007, 98ff.; *Schebstadt*, Anmerkung zur Entscheidung „Mainova", RdE 2005, 226ff.; *Schroeder-Czaja/Jacobshagen*, Objekt- und Arealnetze (Teil 1): Neue Netzbegriffe vor dem Hintergrund des EnWG 2005, IR 2006, 50ff.; *dies.*, Objekt- und Arealnetze (Teil 2): Privilegierung der Objektnetze gemäß § 110 EnWG, IR 2006, 78ff.; *Strohe*, Areal- und Objektnetze, et 2005, 747; *Wagemann*,

treiber konnten nach § 110 Abs. 4 EnWG bei der zuständigen Regulierungsbehörde den Antrag stellen, dass ihr im Industriepark betriebenes Strom- und Gasversorgungsnetz die Voraussetzungen eines der in § 110 Abs. 1 EnWG aufgeführten, von der allgemeinen Regulierung ausgenommenen Objektnetze erfüllt.

Der Europäische Gerichtshof hat allerdings mit Urteil vom 22.05.2008 entschieden, dass die in § 110 Abs. 1 Nr. 1 EnWG getroffene Ausnahme gemeinschaftsrechtswidrig sei, weil die EG-Strom- und Gasrichtlinien eine so weitreichende Ausnahmeregelung von den Vorschriften der Richtlinien nicht zuließen.[4] Damit sind die unter § 110 Abs. 1 Nr. 1 EnWG fallenden Netze ex lege nicht mehr freigestellt. Das Urteil bezog sich nicht auf die Nr. 2 und 3 des § 110 Abs. 1 EnWG. Die Argumentation des Gerichtshofes lässt sich jedoch ohne weiteres auch auf diese Alternativen übertragen, so dass von einer generellen Unverträglichkeit des § 110 EnWG mit dem Gemeinschaftsrecht ausgegangen werden muss.[5] Als Folge dieser Rechtsprechung unterliegt eine Vielzahl von geschlossenen Energieverteilern nunmehr den allgemeinen Regulierungsanforderungen des EnWG, mögen einige Verteilnetze auch noch einen Vertrauensschutz aufgrund eines freistellenden und nicht zurückgenommenen

---

Anschluss und Betrieb von Arealnetzen aus kartellrechtlicher Sicht, emw 2004, 6ff.; *Becker*, Die Objektnetzausnahme auf dem europarechtlichen Prüfstand – Eine Bestandsaufnahme, RdE 2008, 126ff.; *ders.*, Zur Europarechtskonformität von § 110 EnWG, IR 2007, 50ff.

4 EuGH v. 22.05.2008, Rs. C-439/06, Slg. 2008, I-3913 – citiworks. Das Urteil betraf zwar nur die Strom-RL. Die Überlegungen orientieren sich aber an auch der Gas-RL immanenten Grundaussagen und lassen sich folglich auf diese übertragen.

5 So auch *Boesche/Wolf*, ZNER 2008, 123, 126; *Kühling/Pisal*, IR 2009, 74, 76; so auch OLG Dresden, Beschl. v. 10.03.2009, Az. W 1109/06 Kart – Flughafen Leipzig; a.A. nur *Leidinger/Berger*, RdE 2009, 161, 168.

Verwaltungsaktes gemäß § 110 Abs. 1 Nr. 2 und Nr. 3 EnWG für sich in Anspruch nehmen.[6] Neben den vom Europäischen Gerichtshof in der citiworks-Entscheidung ausdrücklich angesprochenen Flughäfen sind insbesondere auch viele Industrieparks betroffen, deren Freistellung in aller Regel auf einem Verwaltungsakt gemäß § 110 Abs. 1 Nr. 1 EnWG fußte.

Seit dem Urteil des Europäischen Gerichtshofs wurde daher über die Aufnahme einer ausdrücklichen Regelung für Industrienetze in das zukünftige Dritte Richtlinienpaket zum Energiebinnenmarkt nachgedacht. In der vom Europäischen Parlament in erster Lesung am 17.06.2008 abgegebenen Stellungnahme zur Strom-Richtlinie des Dritten Energierichtlinienpakets[7] wurde ein Industriepark in Art. 2 Nr. 34a (Abänderung 31) definiert als

> „eine Fläche in Privatbesitz mit einem Stromversorgungsnetz, das in erster Linie für die Nutzung durch industrielle Verbraucher auf dieser Fläche konzipiert ist."[8]

Ein Art. 26 Abs. 2a sollte wie folgt lauten (Abänderung 145):

> „Die Mitgliedstaaten können Industriegelände von den Bestimmungen der Kapitel III, IV, V, VI, und VII befreien. Das Prinzip des Zugangs Dritter wird von diesen teilweisen Ausnahmen nicht berührt. Überdies dürfen die Ausnahmen die Funktion öffentlicher Verteilernetze nicht beeinträchtigen."[9]

---

6 Vgl. dazu *Kühling/Pisal*, IR 2009, 74, 79; *Scholtka/Helmes*, NVwZ 2008, 1310, 1311 f.

7 Zu finden im Ratsdok. 10766/08, 2007/0195 (COD).

8 Engl. Fassung: „34a. 'industrial site' means a privately owned geographical area with a power grid which is primarily designed to supply industrial consumers in that area."

9 Engl. Fassung: „2a. The Member States may exempt industrial sites from the provisions of Chapters III, IV, V, VI, and VII. The principle of third-party access shall not be affected by such derogations. Furthermore, the derogations may not

Zur Begründung dieser Vorschriften hieß es, dass die Betreiber der Stromnetze von Industriegeländen nicht zur Einhaltung der für alle Mitgliedstaaten geltenden Bestimmungen über den Betrieb des Netzes verpflichtet seien, wofür es jedoch keine rechtliche Grundlage gebe. Den Mitgliedstaaten sollte daher ermöglicht werden, für Industriegelände Ausnahmeregelungen zu gewähren, um in diesem Zusammenhang Rechtssicherheit zu schaffen, ohne die Ziele der Liberalisierung zu gefährden. Die Rechte der Endverbraucher auf Industrieflächen würden durch diese Änderung nicht beeinträchtigt, da es in der Regel nur wenige unabhängige Endverbraucher gebe, die ihren Strom von einem Industriegelände beziehen.[10] Im Fall von Industriegeländen sollten daher besondere Regelungen möglich sein, da in erster Linie industrielle Konsumenten betroffen seien.[11]

Eine im Grundsatz übereinstimmende Regelung wurde auch für den Gassektor vorgeschlagen. In der vom Europäischen Parlament in erster Lesung am 8.7.2008 abgegebenen Stellungnahme zur Gas-Richtlinie des Dritten Energierichtlinienpakets[12] wurde ein Industriepark („Gewerbegebiet") mit gleicher Begründung wie im Energiesektor[13] in Art. 2 Nr. 36f (Abänderung 123) definiert als

---

interfere with the task of public distribution systems."

10 Siehe dazu den Bericht über den Vorschlag für eine Richtlinie des Europäischen Parlaments und des Rates zur Änderung der Richtlinie 2003/54/EG über gemeinsame Vorschriften für den Elektrizitätsbinnenmarkt v. 19.5.2008 (A6-0191/2008), S. 24.

11 Siehe dazu den Bericht über den Vorschlag für eine Richtlinie des Europäischen Parlaments und des Rates zur Änderung der Richtlinie 2003/54/EG über gemeinsame Vorschriften für den Elektrizitätsbinnenmarkt v. 19.5.2008 (A6-0191/2008), S. 102.

12 Zu finden im Ratsdok. 10762/08, 2007/0196 (COD).

„ein Gelände in Privatbesitz mit einem von einem Unternehmen betriebenen Erdgasnetz mit Verbindung zum Übertragungs-/Fernleitungsnetz oder zum Verteilernetz,
(a) das vorwiegend die Versorgung der gewerblichen Tätigkeiten des Netzbetreibers oder verbundener Unternehmen sicherstellt oder
(b) das eine begrenzte Anzahl von gewerblichen Verbrauchern oder Kunden beliefert, die mit den gewerblichen Tätigkeiten auf dem Betriebsgelände verknüpft sind."[14]

Art. 26a sollte danach wie folgt gefasst (Abänderung 128):

„1. Die Mitgliedstaaten können Gewerbegebiete von der Anwendung von Artikel 4 und Artikel 7, Artikel 8 Absätze 1 und 2, Artikel 9 und 11, Artikel 12 Absatz 5, Artikel 13, 17 und 18, Artikel 23 Absatz 1 bzw. Artikel 24 dieser Richtlinie ausnehmen.
2. Der Zugang Dritter wird durch die in Absatz 1 genannten Ausnahmen nicht berührt. Kunden in Gewerbegebieten können ihr Energieversorgungsunternehmen frei wählen

13 Ein wenig klarer als diejenige zu Strom-Richtlinie ist die englische Begründung im Bericht über den Vorschlag für eine Richtlinie des Europäischen Parlaments und des Rates zur Änderung der Richtlinie 2003/55/EG über gemeinsame Vorschriften für den Erdgasbinnenmarkt v. 13.6.2008 (A6-0257/2008): „Today, operators of energy grids on industrial sites do not have to comply with a series of obligations concerning the operation of the grid in all EU Member States. This practice has no clear EU legal basis. Therefore, EU legislation should formally enable Member States to provide derogations for industrial sites as this would ensure legal certainty. The differentiated treatment of industrial grids is important as it ensures proportionate efforts while not compromising the aims of liberalisation. This does not compromise the rights of end consumers on industrial sites. Typically, there are few independent end consumers supplied from industrial sites (less than 50)."

14 Engl. Fassung: „36f. 'industrial site' means a privately owned geographical area with a natural gas network managed by one company with a connection to the transmission or distribution network:
(a) which predominantly supplies the industrial activities of the network operator or of connected undertakings, or
(b) which supplies a limited number of industrial consumers or customers linked with the industrial activities on the industrial site;

und können sich im Falle der Uneinigkeit mit dem Netzbetreiber an die nationale Regulierungsbehörde wenden."[15]

Diese Parlamentsvorschläge wurden aber nicht in den Gemeinsamen Standpunkt des Rates vom 15.12.2008 aufgenommen[16]; sie wurden vielmehr - allerdings ohne nähere Begründung - ausdrücklich abgelehnt.[17] Die Vorschläge machten aber auf der politischen Ebene deutlich, dass die technischen und wirtschaftlichen Besonderheiten von Industrienetzen gesehen und die Umstellung dieser Netze unter das allgemeine Regulierungsregiment kritisch hinterfragt wurden, was bei der Vorbereitung der EG-Beschleunigungsrichtlinien

---

15 Engl. Fassung: „1. Member States may exempt industrial sites from Articles 4 and, Article 7, Article 8(1) and (2), Articles 9 and 11, Article 12(5), Articles 13, 17 and 18, Article 23(1) and/or Article 24 of this Directive.
2. Third-party access shall not be affected by the exemptions referred to in paragraph 1. Customers on industrial sites shall be able freely to choose their energy supplier, having resort to the national regulator in the event of a disagreement with the network operator."

16 Gemeinsamer Standpunkt des Rates im Hinblick auf die Annahme einer Richtlinie des Europäischen Parlaments und des Rates über gemeinsame Vorschriften für den Elektrizitätsbinnenmarkt und zur Aufhebung der Richtlinie 2003/54/EG v. 15.12.2008, Dok. 14539/08; Gemeinsamer Standpunkt des Rates im Hinblick auf die Annahme einer Richtlinie des Europäischen Parlaments und des Rates über gemeinsame Vorschriften für den Erdgasbinnenmarkt und zur Aufhebung der Richtlinie 2003/55/EG v. 15.12.2008, Dok. 14540/08. Siehe bereits die Entwürfe zu den am 10.10.2008 angenommenen Legislativvorschlägen Dok. 14140/08 (Vorschlag für eine Strom-Richtlinie) und Dok. 14141/08 (Vorschlag für eine Gas-Richtlinie), beide v. 15.10.2008.

17 Entwurf der Begründung des Rates zum Gemeinsamen Standpunkt im Hinblick auf die Annahme einer Richtlinie des Europäischen Parlaments und des Rates über gemeinsame Vorschriften für den Elektrizitätsbinnenmarkt und zur Aufhebung der Richtlinie 2003/54/EG v. 16.12.2008, Dok. 14539/08, Nr. 6.2 (S. 3); Entwurf der Begründung des Rates zum Gemeinsamen Standpunkt des Rates im Hinblick auf den Erlass einer Richtlinie des Europäischen Parlaments und des Rates über gemeinsame Vorschriften für den Erdgasbinnenmarkt und zur Aufhebung der Richtlinie 2003/55/EG v. 16.12.2008, Dok. 14540/08, Nr. 6.2 (S. 3).

von 2003 noch nicht der Fall war. Die Kommission[18] unterstützte daher im Grundsatz eine Ausnahme für Industriegebiete. Die vom Parlament vorgeschlagenen Abänderungen gingen ihr jedoch zu weit, da sie Industriegebiete von fast allen für die ÜNB/VNB bzw. FNB/VNB geltenden Verpflichtungen ausgenommen hätten. Eine akzeptable Lösung konnte daher ihrer Auffassung nach nur eine Ausnahme sein, die auf die mit dem größten Aufwand verbundenen administrativen Pflichten, z. B. die Ex-ante-Tarifgenehmigung durch die Regulierungsbehörden, beschränkt wäre.[19]

Infolgedessen fand nunmehr auch im Zuge des Trialogs, am 22. April 2009 durch das Parlament und am 25.6.2009 durch den Rat gebilligt, ein Ausnahmetatbestand für sog. „Geschlossene Verteilernetze" seinen Weg in die Gas- und StromRL-Entwürfe. Im Erwägungsgrund 30 StromRL 2009 und gleichlautend in 28 GasRL heißt es dazu:

> Wo im Interesse der optimalen Effizienz integrierter Energieversorgung ein geschlossenes Verteilernetz betrieben wird und besondere Betriebsnormen erforderlich sind oder ein geschlossenes Verteilernetz in erster Linie für die Zwecke des Netzeigentümers betrieben wird, sollte die Mög-

18 Mitteilungen der Kommission an das Europäische Parlament gemäß Art. 251 Abs. 2 Unterabs. 2 EG zum Gemeinsamen Standpunkt des Rates zur 3. Elektrizitätsbinnenmarktrichtlinie (KOM(2008)906 endg., S. 3 = Ratsdok. Nr. 5274/09) und zur 3. Erdgasbinnenmarktrichtlinie (KOM(2008) 907 endg., S. 3 = Ratsdok. Nr. 5278/09), jew. v. 12.1.2009.

19 Mitteilungen der Kommission an das Europäische Parlament gemäß Art. 251 Abs. 2 Unterabs. 2 EG zum Gemeinsamen Standpunkt des Rates zur 3. Elektrizitätsbinnenmarktrichtlinie (KOM(2008)906 endg., S. 8 = Ratsdok. Nr. 5274/09) und zur 3. Erdgasbinnenmarktrichtlinie (KOM(2008) 907 endg., S. 7 = Ratsdok. Nr. 5278/09), jew. v. 12.1.2009; für eine beschränkte Ausnahme bereits *Boesche/Wolf*, ZNER 2008, 123, 131 f.; dagegen noch *Becker*, Individuelles Energiewirtschaftsrecht, 2008, S. 584 f.

> lichkeit bestehen, den Verteilernetzbetreiber von Verpflichtungen zu befreien, die bei ihm - aufgrund der besonderen Art der Beziehung zwischen dem Verteilernetzbetreiber und den Netzbenutzern - einen unnötigen Verwaltungsaufwand verursachen würden. Bei Industrie- oder Gewerbegebieten oder Gebieten, in denen Leistungen gemeinsam genutzt werden, wie Bahnhofsgebäuden, Flughäfen, Krankenhäusern, großen Campingplätzen mit integrierten Anlagen oder Standorten der Chemieindustrie können aufgrund der besonderen Art der Betriebsabläufe geschlossene Verteilernetze bestehen.

Auf der Grundlage dieser Erwägungen wurden dann Art. 28 Strom- und GasRL 2009 formuliert.

Art. 28 StromRL 2009 lautet:

> (1) Die Mitgliedstaaten können veranlassen, dass ein Netz, mit dem in einem geographisch begrenzten Industrie- oder Gewerbegebiet oder Gebiet, in dem Leistungen gemeinsam genutzt werden, Strom verteilt wird, wobei - unbeschadet des Absatzes 4 - keine Haushaltskunden versorgt werden, von den nationalen Regulierungsbehörden oder sonstigen zuständigen Behörden als geschlossenes Netz eingestuft wird, wenn
> a) die Tätigkeiten oder Produktionsverfahren der Benutzer dieses Netzes aus konkreten technischen oder sicherheitstechnischen Gründen verknüpft sind, oder
> b) mit dem Netz in erster Linie Strom an den Netzeigentümer oder -betreiber oder an mit diesen verbundene Unternehmen verteilt wird.
> (2) Die Mitgliedstaaten können veranlassen, dass der Betreiber eines geschlossenen Verteilernetzes von den nationalen Regulierungsbehörden freigestellt wird von
> a) den nach Artikel 25 Absatz 5 geltenden Verpflichtungen zur Beschaffung der Energie zur Deckung von Energieverlusten und Kapazitätsreserven im Netz nach transparenten,

nichtdiskriminierenden und marktorientierten Verfahren,
b) der nach Artikel 32 Absatz 1 geltenden Verpflichtung zur Genehmigung von Tarifen oder der Methoden zu ihrer Berechnung vor deren Inkrafttreten gemäß Artikel 37.
(3) Wird eine Befreiung nach Absatz 2 gewährt, werden die geltenden Tarife oder die Methoden zu ihrer Berechnung auf Verlangen eines Benutzers des geschlossenen Verteilernetzes gemäß Artikel 37 überprüft und genehmigt.
(4) Die gelegentliche Nutzung des Verteilernetzes durch eine geringe Anzahl von Haushalten, deren Personen ein Beschäftigungsverhältnis oder vergleichbare Beziehungen zum Eigentümer des Verteilernetzes unterhalten und die sich in dem durch ein geschlossenes Verteilernetz versorgten Gebiet befinden, steht der Gewährung der Freistellung gemäß Absatz 2 nicht entgegen.

Art. 28 GasRL 2009 lautet:

(1) Die Mitgliedstaaten können veranlassen, dass ein Netz, über das in einem begrenzten Industrie- oder Gewerbegebiet oder einem Gebiet, in dem Leistungen gemeinsam genutzt werden, Erdgas verteilt wird, wobei - unbeschadet des Absatzes 4 - keine Haushaltskunden versorgt werden, von den nationalen Regulierungsbehörden oder sonstigen zuständigen Behörden als geschlossenes Netz eingestuft wird, wenn
a) die Tätigkeiten oder Produktionsverfahren der Benutzer dieses Netzes aus konkreten technischen oder sicherheitstechnischen Gründen verknüpft sind, oder
b) Erdgas über das Netz in erster Linie an den Netzeigentümer oder -betreiber oder an von dem Netzeigentümer oder -betreiber abhängige Unternehmen verteilt wird.
(2) Die Mitgliedstaaten können veranlassen, dass die nationalen Regulierungsbehörden den Betreiber eines geschlossenen Verteilernetzes von der Verpflichtung gemäß Artikel 32 Absatz 1 freistellen, wonach Tarife oder die Methoden zu ihrer Berechnung vor dem Inkrafttreten der Tarife ge-

mäß Artikel 41 genehmigt werden.
(3) Wenn eine Freistellung nach Absatz 2 gewährt wird, werden die geltenden Tarife oder die Methoden zu ihrer Berechnung auf Verlangen eines Benutzers des geschlossenen Verteilernetzes gemäß Artikel 41 überprüft und genehmigt.
(4) Die gelegentliche Nutzung des Verteilernetzes durch eine geringe Anzahl von Haushalten, deren Personen ein Beschäftigungsverhältnis oder vergleichbare Beziehungen zum Eigentümer des Verteilernetzes unterhalten und die sich in dem durch ein geschlossenes Verteilernetz versorgten Gebiet befinden, steht der Gewährung der Freistellung nach Absatz 2 nicht entgegen.

Für die damit für die im Gesetz näher qualifizierten geschlossenen Verteilnetze geschaffenen neuen Rahmenbedingungen soll im Folgenden der legislative Spielraum für die zukünftige Neufassung des § 110 EnWG ausgelotet werden.[20] Das Problem hat dabei keine verfassungsrechtliche Dimension. Weder aus den deutschen noch den europäischen Grundrechten lässt sich ableiten, dass der Individualverteilnetzbetrieb nicht dem Pflichtenkanon des EnWG unterworfen werden darf und dass das im Sozialstaatsgebot des Grundgesetzes wurzelnde energiewirtschaftsrechtliche Interesse an einer allgemeinen Versorgung zu adäquaten Preisen hier zurücktreten müsse.[21] Sowohl der europäische als auch der nationale Gesetzgeber haben einen Spielraum bei der Entscheidung, ob sie die Regulierung eines natürlichen Netzmonopols[22] ohne Ausnahme auch für geschlossene

20 Zum legislativen Handlungsspielraum unter dem geltenden Regulierungsrahmen vgl. *Boesche/Wolf*, ZNER 2008, 123, 129 ff.

21 Vgl. dazu *Papier*, BB 1997, 1213 ff.; siehe auch BGH WuW/E DE-R 1520 ff. - Mainova; BGHZ 134, 1, 16 ff. - Stromeinspeisung II.

22 Zum natürlichen Netzmonopol vgl. *Schneider*, Liberalisierung der Stromwirtschaft durch regulative Marktorganisation, 1999, S. 132 ff.; *Arzt*, Strompreisauf-

Verteilnetze durchführen oder ob sie diese zur Vermeidung eines Übermaßes an bürokratischer Regulierung nur so weit durchführen, wie es im Interesse eines Zugangs Dritter erforderlich ist. Es ist eine industriepolitische Entscheidung, wenn der europäische Gesetzgeber für Industrieparks (industrial sites) eine grundsätzliche Ausnahme von regulierungsrechtlichen Verpflichtungen zulässt, weil andernfalls ihre ökonomischen Vorteile, die bei einer effizienzorientierten Auslegung europäischen Rechts zu berücksichtigen sind, verloren gingen.[23]

---

sicht im Vergleich, 1991, S. 44 ff.

23 Dem gegenüber meint *S. Becker*, Individuelles Ernergiewirtschaftsrecht, 2008, S. 169 ff., dass der Gesetzgeber zwingend allen Individualnetzen, die nicht der allgemeinen Versorgung dienen, den Status eines privilegierten Netzes i.S. des § 110 EnWG einräumen müsse. Soweit dies die Betreiber von individuellen Energieverteilnetzen von den Pflichten des EnWG auch dann freistelle, wenn diese Freistellung aus Gründen der Daseinsvorsorge zur Sicherung einer den Zielen des § 1 EnWG entsprechenden Versorgung nicht notwendig sei, will er über eine „Missbrauchsklausel" entgegensteuern.

IV. Spielraum des Gesetzgebers für einen neuen § 110 EnWG auf der Grundlage des Dritten Energiepakets

1. Konzerninterne Industrieparks

Unternehmenseigene bzw. konzerninterne Industrieparks (s.o. unter I) unterfallen bereits auf dem Boden des geltenden Regulierungsrahmens nicht der allgemeinen Energieaufsicht.[24] Für das allgemeine Wettbewerbsrecht ist anerkannt, dass es nicht dazu dient, unternehmens- bzw. konzerninternen „Wettbewerb" zu erzwingen.[25] Auch das Ziel der Liberalisierung der Energiemärkte verlangt keine Regulierung konzerninterner Sachverhalte. Die sektorspezifische Aufsicht dient der Bändigung des besonderen Missbrauchspotentials beim Betrieb einer Netzinfrastruktur,[26] die ein natürliches Monopol[27] darstellt. Die zwangsläufig damit verbundene Marktmacht kann auf die nachgelagerten Märkte der Belieferung mit Energie transferiert werden, indem der Zugang zu diesen Märkten für Drittunternehmen, die zur Erbringung ihrer Dienstleistungen auf die Nutzung der Netze angewiesen sind, verhindert oder erschwert wird. Innerhalb eines Konzerns ohne Drittbezogenheit besteht aber kein solches Missbrauchs- oder Diskriminierungspotential. Der Energiebezug zur Deckung des eigenen Bedarfs wird bereits

24 Ebenso *Boesche/Wolf*, ZNER 2008, 123, 129 f.

25 So ist z.B. die Anwendung von Art. 81 EG-Vertrag und § 1 GWB auf konzerninterne Vereinbarungen tatbestandlich ausgeschlossen (intra-enterprise-conspiracy-Doktrin). Vgl. dazu *Mestmäcker/Schweitzer*, Europäisches Wettbewerbsrecht, 2. Aufl. 2004, § 8 RdNr. 46 ff.

26 Vgl. Erw. 2 der StromRL.

27 Zum Begriff vgl. *Knieps*, Wettbewerbsökonomie, 2. Aufl., S. 21 ff.

konzernweit unter Anwendung der wettbewerbs- und regulierungsrechtlich anzuerkennenden organisatorischen Einflussnahmemöglichkeiten gesteuert. Eine spezifische Zugangs- und Entgeltregulierung würde lediglich eine einheitliche Unternehmens- und Konzernstrategie beeinträchtigen.[28] Es fehlt bei diesen Sachverhalten bereits an einem eigenständigen Netzbetreiber.

§ 20 EnWG betrifft demnach die Betreiber aller von der Strom- und GasRL erfassten Netze. Sachverhalte, bei denen z.B. auf einem Unternehmensgelände nur miteinander verbundene Unternehmen an ein Netzwerk angeschlossen sind, begründen aber kein solches von der Richtlinie adressiertes Netz.[29] Regulierungsrechtliche Relevanz erhalten nur Leitungsnetze, an die Rechtssubjekte mit eigenständiger energiewirtschaftlicher Bedeutung angeschlossen sind, d.h. ein Versorger und ein Versorgter. Bei Sachverhalten innerhalb eines Unternehmens fehlt es insoweit am Kunden (§ 2 Nr. 7 StromRL der geltenden Fassung und des Entwurfs[30], § 3 Nr. 24 EnWG). Die StromRL geht aber davon aus, dass ein solcher an einem Netz angeschlossen ist. Anderenfalls fehlte es an einem Bedürfnis zur Schaffung von Wettbewerb durch Sicherstellung eines diskriminierungsfreien Netzzugangs[31] oder zur Sicherstellung von Versorgungssicherheit.[32] Nur so erschließt sich die Bedeutung der vom Regulierungsrahmen zu schützenden Auswahlfreiheit des Versorgten.[33]

28 Ebenso *Boesche/Wolf*, ZNER 2008, 123, 129 f.

29 Offen gelassen auch von *Boesche/Wolf*, ZNER 2008, 123, 129 f.

30 Dok. 14140/08 (Vorschlag für eine Strom-Richtlinie).

31 Vgl. Erw. 2, 4 StromRL.

32 Vgl. Erw. 23 StromRL

33 Vgl. auch Generalanwalt *Mazák*, Schlussanträge v. 13.12.2007 zur Rs. C-439/06, RdNr. 91.

Ohne einen (relevanten) Energieverbraucher kann zudem nicht von Verteilung gesprochen werden.[34] Mangels schützenswerter Pluralität der Versorgungsinteressen besteht beim Konzern i.S. von § 18 AktG kein Bedürfnis für eine Regulierung.[35]

Demnach fallen auch unter dem Regime des Dritten Energiepakets solche Industrieparks aus dem Anwendungsbereich der Regulierung, in denen das Energieleitungsnetz mehrere auf dem Industriegebiet liegende Energieanlagen eines einzelnen Unternehmens verbindet. Die benötigte Energiemenge kann dabei allein durch Drittbezug, Alleinversorgung oder einem Mix beider Quellen bezogen werden. Soweit das gesamte Netz dem Eigentransport dient, handelt es sich um eine Kunden- bzw. Hausverteilanlage, die dem regulierungsbedürftigen Netzbegriff regelmäßig nicht unterfällt.[36] In einem solchen Fall ist das „Netz" kein Netz, sondern eine bloße Verbraucheranlage.[37] Nicht der Regulierung unterfallen auch Netze, in denen die am Netz angeschlossenen energieverbrauchenden Industrieparkkunden miteinander konzernverbundenen Unternehmen zuzurechen sind.[38] Voraussetzung ist aber ebenso wie für die

---

34 Dies folgt aus Art. 2 Nr. 21 StromRL und § 3 Nr. 38 EnWG. Diese sprechen von einer Gruppe von *verschiedenen* Unternehmen, die im Sinne von Art. 3 der europäischen Fusionskontrollverordnung (FKVO) miteinander verbunden sind. Der dort verwendete Begriff der Kontrolle entspricht dem zur Definition von wettbewerbsrechtlichen Konzernsachverhalten verwendeten Autonomiekriterium.

35 In diese Richtung auch Generalanwalt *Mazák*, Schlussanträge v. 13.12.2007 zur Rs. C-439/06, RdNr. 91, der insoweit von „eigenständigen kommerziellen Zielen" spricht.

36 Vgl. OLG Dresden RdE 2002, 310 f.; BerlKommEnR/*Säcker/Boesche*, 1. Aufl. 2004, § 6 RdNr. 61 f.

37 So bereits *Boesche/Wolf*, ZNER 2005, 285, 292 f.

38 Vgl. auch *Boesche/Wolf*, ZNER 2005, 285, 293 f.

im allgemeinen Wettbewerbsrecht bekannte intra-enterprise-conspiracy-Doktrin, dass die Konzernmitglieder eine wirtschaftliche Einheit bilden, in deren Rahmen die Tochtergesellschaften ihr Vorgehen auf dem Markt nicht autonom bestimmen können.[39]

Das sog. Konzernprivileg greift jedoch nur, soweit die Kontrolle reicht. Bei Gemeinschaftsunternehmen (GU) ist entscheidend, ob die Muttergesellschaften eine gemeinsame Kontrolle[40] ausüben können. Privilegiert sind nur die vertikalen Beziehungen des GU zu den Müttern, nicht hingegen die horizontalen Beziehungen zwischen den Konzernmüttern, da diese außerhalb des durch das GU vergemeinschafteten Bereich eigenständige wirtschaftliche Strategien verfolgen. Folglich könnte ein GU die Produktion, Versorgung und den Transport auf einem Gelände für die dort ansässigen Mütter vornehmen. Sollte das GU nur das Netz betreiben und eines der Mutterunternehmen die anderen Mutterunternehmen mit Strom versorgen, wären letztere als vom Versorger unabhängige Dritte anzusehen. Das EnWG wäre voll anwendbar.[41] Die Anwendung des Regulierungsrahmens wäre eröffnet.[42] Mangels organisatorischer Verfestigung der Interessensingularität nicht ausreichend ist auch die bloße kooperative Zusammenarbeit, z.B. im Rahmen einer Stro-

---

39 Vgl. EuGH v. 24.10.1996, Rs. C-73/95 P, Slg. 1996, I-5457, RdNr. 51 - Viho Europe/Kommission.

40 Vgl. dazu Konsolidierte Mitteilung der Kommission zu Zuständigkeitsfragen gemäß der Verordnung (EG) Nr. 139/2004 des Rates über die Kontrolle von Unternehmenszusammenschlüssen, RdNr. 62 ff.

41 Das versorgende Unternehmen wäre zudem vertikal integriert im Sinne des Art. 2 Nr. 21 StromRL und § 3 Nr. 38 EnWG.

42 Das versorgende Unternehmen wäre zudem vertikal integriert im Sinne des Art. 2 Nr. 21 StromRL und § 3 Nr. 38 EnWG.

meinkaufsgemeinschaft. Daher ist allein die Erklärung nur an bestimmte Kunden liefern zu wollen, nicht ausreichend für eine Privilegierung.[43] Diese für konzerninterne Industrieparks geltenden Grundsätze bleiben auch vom Dritten Energiepaket unangetastet und sind vom Gesetzgeber bei der Ausfüllung des legislativen Umsetzungsspielraums zu beachten.

2. Drittbezogene und hybride Industrieparks

Wenn unabhängige Drittunternehmen am Netz des Industrieparks angeschlossen sind (drittbezogene und hybride Industrieparks), kommt die für konzerninterne Industrieparks geltende regulierungsrechtliche intra-enterprise-conspiracy-Doktrin (siehe oben VI. 1.) aufgrund der autonomen Bezugsinteressen der Abnehmer als Befreiungsgrund nicht in Betracht. In diesen Fällen gilt der vom Europäischen Gerichtshof zum bisherigen Regulierungsrahmen postulierte Grundsatz, dass Ausnahmen von den Regulierungsverpflichtungen ohne explizite normative Ausnahmeregelung nicht allein aufgrund der Größe des Netzes oder anderweitiger wirtschaftlicher Tätigkeiten nicht zulässig sind.[44] Die Parlamentsbeschlüsse sahen daher vor, dass die Mitgliedstaaten Industrienetze mit Ausnahme

---

43 So aber *Becker*, EuZW 2008, 101, 102, unter Verweis auf den Begriff der geschlossenen Nutzergruppen im Telekommunikationssektor. Der Begriff der geschlossenen Benutzergruppe ist schon lange aus dem europäischen Begriffskatalog eliminiert (zuletzt in Mitteilung der Kommission an das Europäische Parlament und den Rat über den Stand der Umsetzung der RL 90/388/EWG über den Wettbewerb auf dem Markt für Telekommunikationsdienste, ABl. EG 1995 Nr. C 275/2; vgl. dazu die Antwort auf die schriftliche Anfrage Nr.1836/97 an die Kommission ABl. EG 1998 Nr. C 21/101. Gegen dessen weitere Verwendung auch BerlKommTKG/*Säcker*, § 3 TKG zu Nr. 27.

44 EuGH v. 22.05.2008, Rs. C-439/06, Slg. 2008, I-3913, RdNr. 48 ff. – citiworks.

der generellen Zugangsverpflichtung von Verpflichtungen der Netzbetreiber ausnehmen konnten, soweit dadurch nicht die die Funktion öffentlicher Verteilernetze beeinträchtigt wird.[45] Im Gassektor war die Zuständigkeit der nationalen Regulierungsbehörde bei Streitfällen explizit vorgesehen.

Die aus dem Trialog hervorgegangene Endfassung folgt nunmehr der eingeschränkteren Position der Kommission und erlaubt Freistellungen nur von bestimmten administrativen Verpflichtungen, namentlich die nach Art. 25 Abs. 5 StromRL 2009 geltenden Verpflichtungen zur Beschaffung der Energie zur Deckung von Energieverlusten und Kapazitätsreserven im Netz nach transparenten, nichtdiskriminierenden und marktorientierten Verfahren sowie der nach Art. 31 Abs. 1 i.V.m. Art. 37 Strom- u. Art. 41 GasRL 2009 geltenden Verpflichtung zur Genehmigung von Tarifen oder der Methoden zu ihrer Berechnung vor deren Inkrafttreten.

45 Im Stromsektor war eine Befreiung von den Kapiteln über Erzeugung, Betrieb des Übertragungsnetzes, Betrieb des Verteilernetzes, Unbundling und Netzzugang vorgesehen. Industrienetze im Gassektor sollten befreit werden von den Artikeln über das Genehmigungsverfahren, die Entflechtung der Fernleitungsnetze und der Fernleitungsnetzbetreiber, die Aufgaben der Fernleitungsnetzbetreiber (Ausbaupflichten, Diskriminierungsverbot, Informationspflichten, Festlegung des Verfahrens zur Festlegung der Konditionen und Tarife), von den Bestimmungen über den unabhängigen Netzbetreiber (Fernleitungsnetz), die Benennung von Verteilernetzbetreibern, die Bestimmung des Verfahrens zur Festlegung nichtdiskriminierender Bedingungen für den Ausgleich des Erdgasverteilernetzes, über die Entflechtung von Verteilernetzbetreibern, die Entflechtung der Rechnungslegung, die Verpflichtung der Mitgliedstaaten zur Gewährleistung eines System für den Zugang Dritter zum Fernleitungs- und Verteilernetz und zu den LNG-Anlagen auf der Grundlage veröffentlichter Tarife und von den Bestimmungen über die Entgeltregulierung, Marktöffnung und Gegenseitigkeit sowie Direktleitungen.

a) Geschlossene Verteilernetze als Normadressaten

Die Richtlinien bezeichnen die solchermaßen privilegierten Netzobjekte als „geschlossene Verteilernetze" und unterscheiden jeweils zwischen konzernierten Netzen (s. dazu unter 1) und Netzen mit technisch integrierter Versorgung, die durch die Erwägungsgrunde 30 der StromRL 2009 und 28 der GasRL 2009 näher erläutert werden. Die Kommission war schon im Laufe des Gesetzgebungsprozesses für eine zwar in den Rechtsfolgen restriktive, aber vom Anwendungsbereich her extensive Ausnahmevorschrift.[46] Die Erwägungsgründe enthalten einen „Beispielkatalog" für vom europäischen Gesetzgeber ins Auge gefasste Sachverhalte. Zu den Gebieten, in denen Leistungen gemeinsam genutzt werden können, zählen danach Bahnhofsgebäude, Flughäfen, Krankenhäuser, große Campingplätze mit integrierten Anlagen sowie Standorte der Chemieindustrie. Diesen gemeinsam ist nach den Erwägungsgründen eine besondere Art der Betriebsabläufe. Da diese Sachverhalte als Orientierungshilfe für die Reichweite des Ausnahmebereichs dienen sollen, ist davon auszugehen, dass bei diesen die Voraussetzungen für eine Privilegierung erfüllt sein können. Der Richtliniengeber verwendet allerdings keine unwiderlegliche Vermutung, sondern spricht ausdrücklich nur von „können". Damit ist der notwendigen Prüfung im Einzelfall nicht vorgegriffen. Es sind durchaus Fälle denkbar in denen die Voraussetzungen der Art. 28 StromRL und

46 Siehe die Mitteilungen vom v. 13.1.2009, Ratsdok. Nr. 5274/09 u. 5278/09, S. 8 bzw. 7: „Grundsätzlich unterstützt die Kommission eine Ausnahme für Industriegebiete, die sich auch auf Flughäfen und Eisenbahnen erstrecken würde. Die vorgeschlagenen Abänderungen des EP gehen jedoch zu weit [...]".

GasRL nicht erfüllt sind. Der „Katalog" im Erwägungsgrund dient aber als Auslegungshilfe. Der EuGH greift bei der Auslegung von Gemeinschaftsrechtsakten regelmäßig auf deren Erwägungsgründe zurück.[47] Die Auslegung der Normadressateneigenschaft kann auch nicht ohne Blick auf die Rechtsfolgen, also die Reichweite der Freistellungen erfolgen.[48] Da nach dem Dritten Energiepaket eine Freistellung nur von wenigen Verpflichtungen in Betracht kommt, bestehen - anders als bei dem umfassenden Privilegierungstatbestand des § 110 EnWG a.F.[49] - unter Berücksichtigung der Zielsetzungen des EnWG (§ 1 EnWG) weniger Bedenken gegenüber einer extensiveren Auslegung als in der Vergangenheit.[50]

aa) Netz in einem Industrie- oder Gewerbegebiet oder einem Gebiet, in dem Leistungen gemeinsam genutzt werden (industrial, commercial or shared services site)

Um in den Anwendungsbereich der Richtlinie und damit auch des Ausnahmetatbestandes für geschlossenen Verteilernetze zu gelangen, muss zunächst ein Netz i.S. der Richtlinien vorliegen. Wie auch die bisherigen Richtlinien enthält das Dritte Energiepaket keine Definition. Ob ein regulierungsbedürftiges Netz vorliegt, ist aus dem Sinnzusammenhang der Richtlinien insgesamt zu ermitteln.

---

47 Vgl. EuGH v. 22.05.2008, Rs. C-439/06, Slg. 2008, I-3913, RdNr. 39 f. - citiworks; EuGH, Urt. v. 7.6.2005, Rs. C-17/03, Slg. 2005, I-4983, RdNr. 44 - VEMW.

48 *Säcker*, in: MünchKommBGB, Bd. I, Einl. RdNr. 134.

49 Vgl. BGH, Beschl. v. 6.5.2009, Az. EnVR, RdNr. 20 - Stadt Arneburg; siehe auch *Boesche/Wolf*, ZNER 2005, 285, 292.

50 Siehe OLG Dresden, Beschl. v. 10.03.2009, Az. W 1109/06 Kart - Flughafen Leipzig.

Das Netz selbst muss entweder in einem Industrie- oder Gewerbegebiet gelegen sein, oder in einem Gebiet, in dem Leistungen gemeinsam genutzt werden. Ausweislich der Erwägungsgründe[51] beabsichtigt der europäische Gesetzgeber die Privilegierung insbesondere von industriellen und dienstleistungsbezogenen Gewerbearealen. Die dort vorgenommene - nicht abschließende - Aufzählung[52] kann daher als vertypter Vergleichsstandard herangezogen werden, so dass jedenfalls die bisher unter dem Tatbestandsmerkmal „Betriebsgebiet" des § 110 Abs. 1 Nr. 1 EnWG subsumierten Fälle unzweifelhaft erfasst werden, aber auch Dienstleistungsnetze oder Netze privater Zweckgemeinschaften (z.B. Ferienhaussiedlungen[53]), für die eine Freistellung gemäß § 110 Abs. 1 Nr. 2 EnWG in Betracht kam. Bei dem erst im Vermittlungsverfahren eingefügten § 110 Abs. 1 Nr. 2 EnWG handelte es sich um eine Auffangregelung für werknetzähnliche mit § 110 Abs. 1 Nr. 1 EnWG vergleichbare Verteilnetze. Nach Ansicht des Gesetzgebers war es „ordnungspolitisch nicht vertretbar", „industrielle Arealversorgung anders zu behandeln als vergleichbare Versorgungskonstellationen etwa im Dienstleistungsbereich".[54] Der Gesetzgeber hatte dabei Infrastruktureinrichtungen wie Flug- und Seehäfen, Bahnhöfe, Einkaufszentren, Pflegeheime und vergleichbare Einrichtungen im Blick, bei denen die Endabnehmer in der Regel die Anschlussbedingungen und die

51 Erw. 30 StromRL 2009 und Erw. 28 GasRL 2009.

52 Bahnhofsgebäude, Flughäfen, Krankenhäuser, große Campingplätze mit integrierten Anlagen, Standorte der Chemieindustrie.

53 Vgl. OLG Düsseldorf, Beschl. v. 20.8.2007, Az. VI-3 Kart 200/07 (V), 3 Kart 200/07 (V). Diese sind jedoch insbesondere an Abs. 4 zu überprüfen (vgl. u.).

54 BR-Drs. 248/01/05 (neu), S. 10.

Energielieferung im Rahmen eines vertraglichen Gesamtpakets akzeptieren.[55] Diese Aufzählung stimmt weitgehend auch mit den EG-Erwägungsgründen zu geschlossenen Verteilernetzen überein. Auffangtatbestand ist der Begriff des Gebietes, in dem Leistungen gemeinsam genutzt werden. Dies wird schon mit Blick auf die in den Erwägungsgründen der Richtlinien ausdrücklich genannten Campingplätze deutlich, die anderenfalls kaum erfasst werden könnten.

Kleinster gemeinsamer Nenner der drei Varianten ist ein funktionaler Zusammenhang der verschiedenen Netznutzungen.[56] Nur solche Sachverhalte werden nicht erfasst, bei denen das Gebiet keine gemeinsame Klammerfunktion bildet. In diesen Fällen bleibt es bei der Individualisierung und Atomisierung der Netzmärkte. So stellt z.B. der Potsdamer Platz in Berlin kein geschlossenes Netz dar; denn es fehlt zwischen Nutzern des Netzes jede besondere, sie speziell verbindende Klammer.

„Gemeinsame Nutzung" liegt bei abgegrenzten Wohnanlagen und Campingplätzen vor. Ganze Wohnsiedlungen oder Dörfer weisen dagegen mit Ausnahme der Energienutzung kein gemeinsames funktionales Band auf. Eine bedeutsame Eingrenzung des Anwendungsbereiches der Ausnahmeregelung wird erst durch die nachfolgenden Tatbestandsmerkmale bewirkt.

---

55 BR-Drs. 248/01/05 (neu), S. 10.

56 So auch einheitlich zu § 110 Abs. 1 Nr. 1 u. Nr. 2 EnWG, BGH, Beschl. v. 6.5.2009, Az. EnVR, RdNr. 17-20 – Stadt Arneburg

bb) Geographische Begrenzung

Generelles Kriterium für alle Sachverhaltsalternativen ist sowohl in der Strom- als auch der GasRL 2009 ein „geographisch begrenztes" Gebiet. Die sprachliche Fassung der deutschen GasRL 2009 ist missverständlich, da sie anders als die englische[57] und französische[58] Fassung schlicht auf ein „begrenztes Gebiet" abstellt. Darüber hinaus könnte die deutsche Fassung der beiden Richtlinien dahin verstanden werden, dass nur Industrie- und Gewerbegebieten eine geographische Begrenzung aufweisen müssten. Ein Vergleich mit dem englischen und französischen Text zeigt aber, dass dieses Merkmal für alle Varianten gilt.[59] Bei der Umsetzung der Ausnahme ist der deutsche Gesetzgeber gehalten, sich an der übereinstimmenden Regelung der übrigen Texte zu orientieren. Nach ständiger Rechtsprechung des EuGH verbietet es die Notwendigkeit einer einheitlichen Auslegung des Gemeinschaftsrechts, eine Bestimmung im Fall von Zweifeln isoliert aus einer Fassung zu interpretieren; sie muss vielmehr im Licht ihrer Fassung in den anderen Amtssprachen ausgelegt werden.[60]

---

57 „Geographically confined".

58 „Géographiquement limité".

59 **Strom**: engl.: „a system which distributes electricity within a geographically confined industrial, commercial or shared services site"; frz.:„...un réseau qui distribue de l'électricité à l'intérieur d'un site industriel, commercial ou de partage de services géographiquement limité...". **Gas**: engl.: „a system which distributes gas within a geographically confined industrial, commercial or shared services site"; frz.: „un réseau qui distribue du gaz à l'intérieur d'un site industriel, commercial ou de partage de services géographiquement limité".

60 EuGH, Urt. v. 12.11.1969, Rs. 29/69, Slg. 1969, 419, RdNr. 3 – Stauder; EuGH, Urt. v. 2.4.1998, Rs. C-296/95, Slg. 1998, I-1605, RdNr. 36 – EMU Tabac u.a.; EuGH, Urt. v. 9.3.2006, C-174/05, Slg. 2006, I-2443, RdNr. 20 – Zuid-Hollandse Milieufederatie und Natuur en Milieu; zu Art. 20 RL 2003/54/EG EuGH, Urt. v.

Dessen ungeachtet verbleiben weitere Auslegungsschwierigkeiten. Die geographische Begrenzung scheint nicht zwingend für das Netz gefordert zu sein, da dem - insoweit in allen Fassungen insoweit übereinstimmenden - Wortlaut des Abs. 1 nach ein Netz lediglich *genutzt* werden muss, um ein geographisch abgegrenztes Gebiet zu versorgen. Man könnte also unterscheiden zwischen dem Netz und dem Gebiet. Problematisch daran ist, dass dem Wortlaut zufolge das gesamte Netz und nicht nur der auf das entsprechende Gebiet begrenzte Teil als geschlossenes Verteilernetz eingestuft werden kann. Zutage tritt dabei das für alle Netzindustrien noch nicht gelöste Problem der Netzabgrenzung. Im Telekommunkationsrecht wird teilweise nach der Funktionsherrschaft abgegrenzt,[61] so dass letztendlich der Herrschaftsbereich des Betreibers die Netzgrenzen markiert. Dieses Kriterium kann als Ausgangspunkt dienen, weist aber auch Defizite auf, da nicht ausgeschlossen ist, dass der Betreiber des öffentlichen Energieversorgungsnetzes z.B. aufgrund eines individualvertraglichen Betreiberauftrages mit dem Netzeigentümer auch Betreiber des geschlossenen Verteilernetzes ist.

Eine Privilegierung über das jeweilige Gebiet hinaus erscheint aber bei teleologischer Betrachtung zweckwidrig. Die Erwägungsgründe, wonach Verteilernetzbetreiber von Verpflichtungen befreit werden sollen, die bei ihnen - aufgrund ihrer besonderen Art der Beziehung zu den Benutzern - einen unnötigen Verwaltungsaufwand verursa-

---

9.10.2008, Rs. C-239/07, RdNr. 38 - Sabatauskas; näher dazu *Säcker*, in: MünchKomm.BGB, 5. Aufl. Bd. I, 2006, RdNr. 137ff.

61 Vgl. *Säcker*, in: BerlKommTKG, 2. Aufl. 2009, § 3 RdNr. 107.

chen würden[62], machen deutlich, dass es allein um die Verhältnisse in dem abgrenzbaren Gebiet geht und nur insoweit auch Gründe für eine Befreiung von regulatorischen Pflichten bestehen. Eine weiterreichende Privilegierung auch der umliegenden Netzgebiete würde zudem von den Bedingungen des Einzelfalles abstrahieren, da die dortigen Verhältnisse gerade nicht geprüft werden. In Hinblick auf das besondere Interesse an einem gemeinsamen Energiebinnenmarkt hat sich deshalb schon der Europäische Gerichtshof im citiwork-Urteil gegen Pauschalausnahmen gewendet.[63] Bei mehreren möglichen Auslegungen einer gemeinschaftsrechtlichen Vorschrift ist derjenigen der Vorzug zu geben, die die praktische Wirksamkeit der Vorschrift am besten zu wahren geeignet ist[64] und die ihre Gültigkeit nicht in Frage stellt.[65] Das „geschlossene Verteilernetz" ist mithin auf das geographisch begrenzte Gebiet zu beschränken, das als eigenständiges Energieversorgungsnetz anzusehen ist.

Was die normativen Anforderungen an die geographische Begrenzung angeht, so wird man ein funktionales Verständnis an den Tag legen müssen. Zum einen ist eine übermäßige geographische Dimension des Gebiets in Anbetracht der nachfolgenden Voraussetzungen in Abs. 1 lit. a und b nicht vorstellbar, zum anderen würde eine streng formale Interpretation, bei der jegliche Unterbrechung eines Gebiets z.B. durch den Verlauf einer das Gebiet kreuzenden

---

62 Erw. 30 StromRL und Erw. 28 GasRL.

63 EuGH v. 22.05.2008, Rs. C-439/06, Slg. 2008, I-3913, RdNr. 37 ff. - citiworks.

64 Vgl. EuGH, Urt. v. 22.9.1988, Rs. 187/87,Slg. 1988, 5013, RdNr. 19 - Saarland u.a.; EuGH, Urt. v. 4.10.2001, Rs. C-403/99, Slg. 2001, I-6883, RdNr. 28 - Italien/Kommission.

65 EuGH, Urt. v. 9.3.2006, C-174/05, Slg. 2006, I-2443, RdNr. 20 - Zuid-Hollandse Milieufederatie und Natuur en Milieu.

öffentlichen Straße eine Privilegierung ausschlösse, dem Zweck der Richtlinie zuwiderlaufen, Verfahrensabläufe wie in einem Chemiepark zu privilegieren. Zweck der Norm ist gerade die Privilegierung gerade solcher industriellen Areale, wie sie in den Erwägungsgründen der neuen Richtlinien aufgeführt sind.[66]

Adressaten der Norm sind somit unternehmerisch genutzte Netze an einem Standort. Ein Unternehmen mit mehreren Standorten kann daher die Objektnetzeigenschaft nicht für das Gesamtgebilde, bestehend aus den an den Standorten befindlichen physischen Netzstrukturen, sondern nur für jedes singuläre Netzgebiet gesondert beanspruchen, sofern die weiteren Voraussetzungen erfüllt sind. Räumliche Zusammengehörigkeit verlangt somit die physische Verbundenheit der Netzstruktur. Wie auch schon für den in § 110 Abs. 1 EnWG verwendeten Begriff „zusammengehörig" ist eine zu enge Interpretation abzulehnen.[67] Es genügt auch eine funktionale unternehmerische Verbindung.[68] So reicht eine enge räumliche Nähe aus, selbst wenn das Gebiet durch eine öffentliche Straße oder einen Wasserweg geteilt wird, sofern die technischen Betriebsabläufe, die Teilung überwindend, raumübergreifend stattfinden[69] und keine das Gepräge der objektiven Zusammengehörigkeit störende

66 Siehen dazu oben III.

67 Vgl. bereits *Boesche/Wolf*, ZNER 2005, 285, 293; für eine weite Auslegung auch schon der Entwürfe *Burmeister/Krause*, emw 2005 (Heft 4), 22; zu dem Begriff des räumlichen Zusammenhangs in § 9 Abs. 1 Nr. 3 StromStG i.S. eines gebietsbezogenen Verständnisses BFH, Urt. v. 20. 4. 2004, RdE 2004, S. 263 ff.

68 OLG Dresden v. 17.10.2006, Az. W 1109/06 Kart, RdE 2007, 125 - Flughafen Leipzig.

69 Vgl. auch *Burmeister/Krause*, emw 2005 (Heft 4), 22 f.; *Schroeder-Czaja*, IR 2005, 53, 55.

funktionale Aufspaltung vorliegt.[70] Das Erfordernis der physischen Verbundenheit verlangt jedoch ein zusammenhängendes, unter der Herrschaftsbefugnis des Netzbetreibers stehendes Netzgebilde. Nicht notwendig ist, dass die Leitungen im Eigentum des Betreibers stehen; ausreichend ist vielmehr die Nutzungs- und Kontrollmöglichkeit aufgrund eines Pachtverhältnisses. Der notwendige Zusammenhang ist erst dann nicht mehr gegeben, wenn die Netzgebiete durch Teile des öffentlichen, der allgemeinen Versorgung dienenden Netzes bzw. des im Herrschaftsbereich eines Dritten stehenden Netzes verläufen und der Transport von Energie zwischen den Unternehmensteilen nur aufgrund der allgemeinen Netzzugangsvorschriften möglich ist.[71]

cc) Unbedeutende Anzahl von Haushaltskunden

Die Versorgung von Haushaltskunden ist ein Ausschlusskriterium für die Einstufung als geschlossenes Verteilernetz. Dieser Grundsatz wird jedoch in beiden Richtlinien durch Abs. 4 durchbrochen. Danach steht die gelegentliche Nutzung durch eine geringe Anzahl von Haushalten, deren Personen ein Beschäftigungsverhältnis oder vergleichbare Beziehungen zum Eigentümer des Verteilernetzes unterhalten, der Freistellung nicht entgegen. Der Begriff des Haushaltskunden ist Art. 2 Nr. 10 StromRL 2009 definiert als Kunde, der Elektrizität für den Eigenverbrauch im Haushalt kauft, wovon gewerbliche und berufliche Tätigkeiten ausdrücklich ausgeschlossen

70 OLG Dresden v. 17.10.2006, Az. W 1109/06 Kart, RdE 2007, 125 - Flughafen Leipzig; BNetzA, Beschl. v. 6.11.2006, Az. BK6-06-052, S. 5.

71 Allein virtuelle Konstrukte ohne physischen Kontakt erfüllen die Voraussetzungen nicht.

sind, in Art. 2 Nr. 25 GasRL 2009 als Kunde, der Erdgas für den Eigenverbrauch im Haushalt kauft.

Auf den ersten Blick sind damit typische Werkswohnungen ins Auge gefasst, z.B. für Hausmeister, die aber auf den zweiten Blick schon wieder herauszufallen scheinen, da bei diesen gerade keine nur „gelegentliche" Nutzung stattfindet. Vielmehr nutzen die ansässigen Haushalte regelmäßig und ausschließlich das geschlossene Verteilernetz. Bei einem Blick in andere Sprachfassungen wird jedoch der Sinn des Gemeinten deutlich; die deutsche Fassung ist schlechterdings falsch. Die englische Fassung spricht von einem „incidental use", d.h. von einem beiläufigen, eher zufälligen, nicht dem Hauptzweck darstellenden Nutzung, der französische Text spricht von einem „l'usage accessoire", d.h. von einer nebensachlichen untergeordneten, unwesentlichen Nutzung. Diese semantische Klarstellung i.S. von „unwesentlich" stellt ab auf das Verhältnis zur Gesamtnutzung des Netzes.

Vor diesem Hintergrund ist auch die Einschränkung auf eine geringe Anzahl von Haushaltskunden zu interpetieren. Diese ist sowohl durch eine geringe absolute Zahl als auch in Relation zum Gesamtverbrauch im geschlossenen Verteilernetz zu bestimmen. Was als „geringe Anzahl" anzusehen ist, wird auch durch dieses Verhältnis mitbestimmt. Jedenfalls wenn ganze Wohnparks für Mitarbeiter betrieben werden, ist die Grenze überschritten.

Das Beschäftigtenverhältnis erfasst alle Beziehungen zu Arbeitnehmern gemäß § 611 BGB. Insoweit ist an den Begriff „Arbeitnehmer" im Sinne von Art. 39 EG anzuknüpfen. Danach ist jeder Arbeitnehmer, der während einer bestimmten Zeit für einen anderen nach dessen Weisung Leistungen erbringt, für die er als Gegenleistung eine Vergütung erhält.[72]

Ähnliche Beziehungen sind qualitativ gleichwertige Vertragsverhältnisse.[73] Größere Bedeutung erlangt die Erweiterung auf ähnliche Verhältnisse wegen der Begrenzung der Beschäftigungsverhältnisse auf solche zum „Eigentümer" des Verteilernetzes. Schon der typische Fall, in dem neben Drittunternehmen mehrere Gesellschaften eines Konzerns mit ihren Anlagen in dem Gebiet vertreten sind, von denen nur eine die formal-rechtliche Eigentümerposition innehat, zeigt, dass die Einschränkung zu eng ist; denn es ist kein Grund ersichtlich, den bei konzernverbundenen Unternehmen Beschäftigten, die auf dem Werksgelände im Rahmen konzerninterner Arbeitnehmerüberlassung oder auf Werkvertragsbasis arbeiten, eine andere Qualität beizumessen. Gleiches gilt für die Arbeitnehmer der auf dem Gebiet tätigen Drittunternehmen. Voraussetzung ist ein Beschäftigungsverhältnis bzw. eine qualitativ gleichwertige Tätigkeit bei einem im Netzgebiet *ansässigen* Unternehmen. Auch der Betreiber des Netzes, der im Rahmen eines Pachtvertrages das Gelände bewirtschaftet, ist einem Eigentümer gleichzusetzen.

Der europäische Gesetzgeber hat mit dieser Einschränkung scheinbar auch den Anwendungsbereich auf gewerblich genutzte Netze beschränkt, so dass z.B. auch Ansiedlungen für Wochenendhäuser,

---

72 Vgl. u.a. EuGH, Urt. v. 3.7.1986, Rs. 66/85, Slg. 1986, 2121, RdNr. 16 f. – Lawrie-Blum; EuGH, Urt. v. 11.9.2008, Rs. C-228/07, RdNr. 45 – Petersen; EuGH, Urt. v. 4.6.2009, verb. Rs. C-22/08 u. C-23/08, RdNr. 26 – Vatsouras u. Koupatantze.

73 Vgl. dazu *Rebhahn,* RdA 2009, 154 ff.

bei denen die Nutzer nur durch eine parallele Freizeitnutzung miteinander verbunden sind, aber nicht in einem über Pacht- oder Mietverhältnisse hinausgehenden vertraglichen Verhältnis zum Netzeigentümer stehen, nicht mehr erfasst würden.[74] Eine solche Auslegung erscheint allerdings z.B. in Hinblick auf die in den Erwägungsgründen angesprochenene Campingplätze zu restriktiv; denn dann würden letztlich (Dauer-)Camper nicht als Haushaltskunden angesehen werden können. Ein Erweiterung auf Miet- und Pachtverhältnisse ist daher notwendig, auch wenn diese in Hinblick auf das vertragliche Pflichtenprogramm kaum mit Beschäftigungsverhältnissen vergleichbar sind. Eine systematische, die Erwägungsgründe berücksichtigende Auslegung verlangt demnach eine funktionelle Betrachtung, so dass für die Vergleichbarkeit ein besonderes Näheverhältnis zu fordern ist.

dd) Konzernverwandte Netze (lit. b)

In Abs. 1 lit. b wird vorausgesetzt, dass „in erster Linie" Energie an den Netzeigentümer, den Netzbetreiber oder an mit diesen verbundene Unternehmen verteilt wird. Anders als in Abs. 4 wird hier eine Unterscheidung zwischen Betreiber und Eigentümer getroffen. Was verbundene Unternehmen sind, folgt gemäß Art. 2 Nr. 22 Strom- und GasRL 2009 aus Art. 41 RL 83/349/EWG[75], der auf Art. 1 der RL verweist. Als verbunden gelten demnach Unternehmen, wenn eines mittelbar oder unmittelbar

---

74 In einem solchen Sachverhalt § 110 Abs. 1 Nr. 2 EnWG noch für einschlägig erachtend OLG Düsseldorf, Beschl. v. 20.8.2007, Az. VI-3 Kart 200/07 (V), 3 Kart 200/07 (V).

75 ABl. EG 1983 Nr. L 193/1.

- die Mehrheit der Stimmrechte der Aktionäre oder Gesellschafter eines Unternehmens (Tochterunternehmens) hat (vgl. Art. 17 AktG)

- oder aber das Recht hat, die Mehrheit der Mitglieder des Verwaltungs-, Leitungs- oder Aufsichtsorgans eines Unternehmens (Tochterunternehmens) zu bestellen oder abzuberufen und gleichzeitig Aktionär oder Gesellschafter dieses Unternehmens ist

- oder Aktionär oder Gesellschafter eines Unternehmens ist und aufgrund einer Vereinbarung mit anderen Aktionären oder Gesellschaftern dieses Unternehmens allein über die Mehrheit der Stimmrechte der Aktionäre oder Gesellschafter dieses Unternehmens (Tochterunternehmens) verfügt.

Für die Ermittlung, wann eine Versorgung in erster Linie an solche Unternehmen erfolgt, kann auf die zu § 110 Abs. 1 Nr. 1 EnWG entwickelten Grundsätze zurückgegriffen werden, wonach das Netz überwiegend dem Transport von Energie innerhalb des eigenen Unternehmens oder zuverbundenen Unternehmens dienen muss. Bezugspunkt für die Feststellung des Überwiegens ist demnach die transportierte Energiemenge und nicht die Anzahl der belieferten Letztverbraucher. Für ein Überwiegen ist eine Quote von mehr als 50 % ausreichend; diese ist auf der Grundlage einer zeitraumbezogenen und nicht lediglich einer punktuellen Betrachtung zu ermitteln.[76]

76 BNetzA, Merkblatt Objektnetze v. 7.9.2006, S. 3.

ee) Industrieparks mit Vollversorgungskonzept (lit. a)

Art. 28 Abs. 1 lit. a beider Richtlinien ermöglicht eine Freistellung, wenn die Tätigkeiten oder Produktionsverfahren der Benutzer des Netzes aus konkreten technischen oder sicherheitstechnischen Gründen verknüpft sind. Die Erwägungsgründe 30 StromRL 2009 und 28 GasRL 2009 präzisieren diese Voraussetzung damit, dass „im Interesse der optimalen Effizienz integrierter Energieversorgung ein geschlossenes Verteilernetz betrieben wird und besondere Betriebsnormen erforderlich sind". Entscheidend ist danach die „besondere[...] Art der Beziehung zwischen dem Verteilernetzbetreiber und den Netzbenutzern", die den mit einer umfassenden Regulierung verbundenen Verwaltungsaufwand „unnötig" erscheinen lässt.

Unter Produktionsprozesse können industriespezifische Abläufe, unter Tätigkeiten auch alle sonstigen, insbesondere in einem Dienstleistungsnetz denkbaren Unternehmenstätigkeiten subsumiert werden. Diese müssen allerdings miteinander verknüpft sein („are integrated", „sont intégrés"), was schon dem Wortlaut nach mehr als ein bloßes Nebeneinander verlangt. Damit erinnert diese Voraussetzung an den gemeinsamen Geschäftszweck des § 110 Abs. 1 Nr. 2 EnWG, das der Abgrenzung zum reinen Energieversorgungsverhältnis diente, das Netzbetreiber und Letztverbraucher miteinander verbindet und für sich genommen nicht ausreichend war.[77] Danach ist auch in Zukunft eine Verknüpfung erforderlich, die über die bloße gemeinsame Energieversorgung hinausgeht. Die einem Netz im-

77 BNetzA, Merkblatt Objektnetze v. 7.9.2006, S. 4.

manente physische Verbindung ist demnach ebenfalls nicht ausreichend. Zu fordern ist vielmehr eine über die Energieversorgung hinausgreifende, funktionelle Verzahnung der im Netzgebiet ausgeübten Tätigkeiten, wie es für Chemieparks charakteristisch ist.

Von besonderer Bedeutung ist aber die Voraussetzung einer Verknüpfung aus konkreten technischen oder sicherheitstechnischen Gründen. Anders als § 110 Abs. 1 Nr. 2 EnWG ist damit nicht jedes besondere Interesse in Form eines Geschäftszweckes ausreichend, sondern es müssen spezifisch (sicherheits-)technische Gründe für die Verknüpfung vorliegen. Diese Voraussetzung ist bei auf spezifische Produktionsabläufe abgestimmten integrierten Versorgungskonzepten, wie z.B. in einem Chemiepark, unproblematisch erfüllt. Jedoch lassen sich nur in seltenen Fällen technische Gründe für die einheitliche Versorgung eines Flughafens oder eines Einkaufszentrums anführen, soweit man eine technische oder sicherheitstechnische „Erforderlichkeit" verlangt. Ein „Shop" in einem Einkaufszentrum unterscheidet sich in seiner technischen Struktur nicht von einem sonstigen Shop in der Innenstadt. Hierzu ist allerdings festzustellen, dass dieses Erfordernis immer auch eine immanente Würdigung der Wirtschaftlichkeit beinhaltet; denn technisch möglich ist Vieles, nur nicht immer auch auf effiziente und kaufmännisch vernünftige Art und Weise.[78] Begnügte man sich unter (sicherheits-)technischen Gründen mit dem Nachweis, dass das gewählte technische Konzept aus Sicht des Netzbetreibers wirtschaftliche Vorteile bringe oder der spezifischen Ausgestaltung irgend-

78 Vgl. *Säcker/Boesche*, in: BerlKommEnR, 2. Aufl. 2009, § 20 EnWG RdNr. 275.

welche technischen Aspekte zugrundelägen, so ließe sich ebenfalls nahezu jedes Ergebnis begründen. Dies würde aber dem Umstand nicht gerecht, dass ein nichtdiskriminierender, transparenter und zu angemessenen Preisen gewährleisteter Netzzugang Voraussetzung für einen funktionierenden Wettbewerb und von größter Bedeutung für die Vollendung des Elektrizitätsbinnenmarkts ist.[79] Einschränkungen der Zugangs- und Entgeltregulierung sind daher nur gerechtfertigt, wenn tatsächlich besondere Gründe für eine Privilegierung bestehen. Insoweit hat der europäische Gesetzgeber eine Wertentscheidung getroffen, indem er ausdrücklich eine technische Interpretation verlangt; denn er war zu dieser Ausnahme nicht verpflichtet.[80]

b) Reichweite der Privilegierung

aa) Einschränkungen bei der Verpflichtung zum Third-Party-Access

Schon auf dem Boden des geltenden Rechts sind über die Zumutbarkeitsausnahmen (§ 20 Abs. 2 EnWG) hinausgehende generelle Befreiungen von der Verpflichtung zur Zugangsgewährung nicht denkbar. Die expliziten Ausnahmemöglichkeiten der Strom- und GasRL des Zweiten Binnenmarktpakets sind für die Zwecke einer Generalausnahme wie § 110 EnWG ungeeignet.[81] Allenfalls eine ausdrückliche, durch industriepolitische Erwägungen motivierte

79 Vgl. EuGH, Urt. v. 22.5.2008, C-439/06, RdNr. 38 u. 40 – citiworks; EuGH, Urt. v. 9.10.2008, Rs. C-239/07, RdNr. 31 – Sabatauskas.

80 Siehe oben III., a.A. *Becker*, Individuelles Energiewirtschaftsrecht, S. 222 ff.

81 *Boesche/Wolf*, ZNER 2008, 123 ff.

Ausnahme könnte hier Abhilfe schaffen. Doch schon die Parlamentsbeschlüsse, die sehr weitreichende Privilegierungen für Objektnetze befürworten, schränkten die Zugangsverpflichtung explizit nicht ein (siehe oben unter III.). Die im Trialog gefundenen Endfassungen der Richtlinien sehen auch keine solche Befreiung für geschlossene Verteilernetze vor. Art. 3 Abs. 4 StromRL 2009 und Art. 3 Abs. 5 GasRL 2009 stellen vor diesem Hintergrund nochmals klar, dass die Mitgliedstaaten sicherzustellen haben, dass alle Kunden das Recht haben, von einem Lieferanten, sofern dieser zustimmt, mit Strom bzw. Gas versorgt zu werden. Eine Ausnahme ist auch auf dem Boden des EuGH-Urteils im Fall citiworks nicht systemkonform. Der freie Zugang Dritter zu den Übertragungs- und Verteilernetzen als Gegenstück zur Auswahlfreiheit der Abnehmer ist eine der Hauptmaßnahmen, die zur Vollendung des Energiebinnenmarkts unverzichtbar sind.[82] Dieses Ziel wäre gefährdet, wenn die Zugangsverpflichtung gelockert würde. Diese kann zwar auch über das allgemeine Kartellrecht gesichert werden,[83] aber nur mit deutlich verminderter Effizienz, da das Kartellrecht gerade keine Ex-ante durchsetzbare Zugangs- und Entgeltregulierung kennt. Der europäische Gesetzgeber forderte, gerade weil er das allgemeine Wettbewerbsrecht als nicht ausreichend erachtete, spezialgesetzliche Normen zur Schaffung eines einheitlichen Energiebinnenmarktes. Es widerspräche dem Ziel des europäischen Gesetzgebers, Regulierungslücken mit dieser Begründung zuzulassen.

---

82 EuGH v. 22.05.2008, Rs. C-439/06, Slg. 2008, I-3913, RdNr. 43 f. – citiworks; ebenso EuGH v. 9.10.2008, Rs. C-239/07, RdNr. 31 – Sabatauskas.

83 A.A. *Holznagel/Schuhmacher*, ZNER 2006, 218, 220 f.; *Küper*, RdE 2007, 129.

bb) Partieller Ausschluss der Unbundling-Vorgaben

Bisher sind in Einklang mit den Richtlinien[84] kleine Gas- und Elektrizitätsversorgungsnetze mit weniger als 100.000 unmittelbar oder mittelbar angeschlossenen Kunden nach § 7 Abs. 2 EnWG von der rechtlichen Entflechtung und nach § 8 Abs. 6 EnWG von der operationellen Entflechtung ausgenommen. Unter diese Teilprivilegierung fallen auch Industrienetze. Auch die Neufassungen der Richtlinien sehen diese Befreiung vor (Art. 26 Abs. 4 Strom- u. GasRL 2009) und erfassen unstreitig auch geschlossene Verteilernetze.

Die verbleibenden informatorischen (§ 9 EnWG) und buchhalterischen (§10 EnWG) Vorgaben wurden erst durch § 110 EnWG ausgeschlossen und lebten durch die EG-Rechtswidrigkeit des § 110 EnWG[85] wieder auf. Damit ist zwar keine spürbare verwaltungstechnische Mehrbelastung für die betroffenen Unternehmen verbunden.[86] Dennoch können die Kosten einer zusätzlichen Prüfung in Relation zur Größe des Parks nicht völlig unerheblich sein. Die Unternehmen, die auf solche Maßnahmen im Vertrauen auf ihre Privilegierung als Objektnetz in der Vergangenheit verzichtet hatten, werden bei der Prüfung des Jahresabschlusses mit dieser Entscheidung konfrontiert; egal ob sie eine Bestätigung durch die Regulierungsbehörde gemäß § 110 Abs. 4 EnWG erhielten oder nicht, denn der Wirtschaftsprüfer hat nach § 10 Abs. 4 S. 1 EnWG auch die

---

84 Art. 15 Abs. 2 StromRL 2003; Art. 13 Abs. 2 GasRL 2003.

85 OLG Dresden v. 17.10.2006, Az. W 1109/06 Kart, RdE 2007, 125 – Flughafen Leipzig; *Boesche/Wolf*, ZNER 2008, 123 ff.; a.A. *Leidinger/Berger*, RdE 2009, 161, 168.

86 So auch *Busse von Colbe*, in: Berliner Kommentar zum Energierecht, 2. Aufl. 2009, § 10 EnWG RdNr. 8 ff..

Aufgabe, die Einhaltung der Pflicht zum buchhalterischen Unbundling durch vertikal integrierte Versorgungsunternehmen zu überprüfen. Nur Unternehmen, die einen nicht widerrufenen Genehmigungsakt der zuständigen Behörde gemäß § 110 Abs. 1 Nr. 2 oder 3 EnWG erhalten haben, können *für die Vergangenheit* einen Vertrauensschutz auf Bestand dieser Vergünstigung geltend machen.[87] Gegenüber der Regulierungsbehörde schützt ein bestandskräftiger Verwaltungsakt zudem vor sanktionierenden Maßnahmen gemäß § 30 EnWG.[88]

Sowohl im Gas- als auch im Stromsektor war auf dem Boden der Parlamentsbeschlüsse vom 18.6. u. 9.7.2008 die Pflicht zur Entflechtung der Rechnungslegung aufgehoben. Für diesen Standpunkt sprach auch die Mitteilung der Kommission v. 13.1.2009,[89] die für eine Befreiung von größeren administrativen Belastungen Verständnis zeigte. Die Endfassung der Richlinien sieht aber keine derartig weitgreifende Privilegierung mehr vor und statuiert eine Verpflichtung zum informatorischen (Art. 27 Strom- und GasRL 2009) ebenso wie zum buchhalterischen Unbundling (Art. 31 Strom- und GasRL 2009).[90] Diese Entscheidung des europäischen Gesetzgebers folgt aus der nach Abs. 3 der Privilegierung folgenden Ex-post-Aufsichtskompetenz der Regulierungsbehörden über die Netznutzungsentgelte; denn ohne getrennte Kontenführung (Bilanz und Gewinn-

---

87 Vgl. dazu *Blanke,* Vertrauensschutz im deutschen und europäischen Verwaltungsrecht, S. 150 ff.

88 Näher dazu unten V.

89 Siehe Fn. 46.

90 Art. 49 Abs. 4 GasRL 2009 findet auf Objektnetze offensichtlich keine Anwendung.

und Verlustrechnung) ist eine nachträgliche Überprüfung (review) von Entgelten auf Diskriminierung, Quersubventionen oder Wettbewerbsverzerrungen (Art. 31 Abs. 3 Strom- und GasRL 2009) nicht denkbar.[91]

cc) Erleichterte Entgeltregulierung

Hinsichtlich der Entgeltregulierung sind bereits auf dem Boden des geltenden Rechts Erleichterungen möglich. Art. 20 Abs. 1 StromRL und Art. 18 Abs. 1 GasRL sowie Art. 23 Abs. 2 lit a) StromRL und Art. 25 Abs. 2 lit a) GasRL verlangen zwar eine ex ante Regulierung, legen aber keine bestimmte Methodologie dafür fest.[92] Sie fordern weder eine Anreizregulierung noch die Ex ante-Genehmigung der einzelnen Entgelte. Es genügt vielmehr die Festlegung von Berechnungsmethoden zur Entgeltbestimmung.[93] Die Mitgliedstaaten konnten daher weniger belastende administrative Regelungen für kleinere oder neu errichtete Netze oder treffen.[94] In der Anreizregulierungsverordnung (ARegV) gibt es mit § 24 Abs. 1 ARegV eine Ausnahmevorschrift, wonach auf Antrag (Abs. 4) ein vereinfachtes Verfahren vorgesehen ist, und zwar für Netzbetreiber, an deren Gasverteilernetz weniger als 15.000 Kunden oder an deren Elektrizitätsverteilernetz weniger als 30.000 Kunden unmittelbar oder mittelbar angeschlossen sind. Die Schattenseite genereller Erleichterun-

91 Vgl. dazu *Markert*, BB 1997, 1421 ff.

92 *Stumpf/Gabler*, NJW 2005, 3174, 3177; *von Danwitz*, Energy Law Journal 27 (2006), 423, 441; *Ruhle/Heger*, WuW 2004, 484, 487 f.

93 Vgl. auch Erw. 18 StromRL.

94 Für einen weiten Umsetzungsspielraum auch Generalanwalt *Mazák*, Schlussanträge v. 13.12.2007 zur Rs. C-439/06, RdNr. 87.

gen ist der Verlust an Rechtssicherheit, wie z.B. der Vermutung des § 30 Abs. 1 S. 2 Nr. 5 a.E. EnWG, wonach ein innerhalb der genehmigten Obergrenzen gefordertes Entgelt als sachlich gerechtfertigt gilt.[95] Diese „Erleichterung" greift daher nur auf Antrag ein (wie z.B. auch in § 24 Abs. 4 ARegV).[96]

Die Beibehaltung einer generellen ex ante-Kontrolle würde jedoch dem Ziel einer Erleichterung aus Zumutbarkeitsaspekten widersprechen. Schon der Parlamentsbeschluss im Gassektor hielt ein Tätigwerden der Regulierungsbehörde nur im Falle von Streitigkeiten (Art. 26a) für erforderlich. Danach ist keine ex ante Kontrolle, sondern nur ex post eingreifende Missbrauchsaufsicht gemäß § 30 EnWG als Mindeststandard gerechtfertigt. Die Kommission bestätigt diese Schlussfolgerung in ihren Mitteilungen v. 13.1.2009.[97] Vor diesem Hintergrund können die Mitgliedstaaten gemäß Art. 28 Abs. 2 Strom- u. GasRL 2009 eine Befreiung von der der nach Art. 32 Abs. 1 i.V.m. Art. 37/41 geltenden Verpflichtung zur Ex ante-Genehmigung von Tarifen oder der Methoden zu ihrer Berechnung gewähren. Aus Art. 28 Abs. 3 Strom- u. GasRL 2009 folgt, dass auf Verlangen eines Nutzers des geschlossenen Verteilernetzes aber eine Überprüfung gemäß Art. 37 Strom- u. Art. 41 GasRL 2009 durchzuführen ist. Damit wird der materielle Prüfungsmaßstab für sonstige Netze (§ 21 EnWG) auch auf die Nutzungsentgelte der Betreiber geschlossener Verteilernetze übertragen. Den Betreibern ob-

95 Dies gilt nicht nur im Rahmen der Missbrauchskontrolle (§ 111 EnWG Abs. 2 EnWG, sondern sinngemäß auch im Rahmen von § 315 BGB; vgl. *Säcker,* N&R 2008, S. 134 ff.)

96 *Boesche/Wolf,* ZNER 2008, 123, 131 f.

97 Siehe Fn. 46.

liegt insoweit daher auch eine materielle Befolgungspflicht, so dass ein Verstoß als Missbrauch i.S.d. des § 30 EnWG anzusehen ist.[98]

Die Aufsichtskompetenz *muss* gemäß Art. 28 Abs. 3 Strom- u. Gas-RL 2009 bei der Regulierungsbehörde verbleiben, da diese die größere Erfahrung und die effektiveren Mittel hat (§ 30 EnWG). Dies folgt aus dem Verweis auf Art. 32 i.V.m. Art. 37/41 der Richtlinien, der ausdrücklich ein Tätigwerden der Regulierungsbehörden verlangt. Bereits der Parlamentsbeschluss v. 9.7.2008 für den Gassektor sah im Zusammenhang mit der Aufrechterhaltung der Netzzugangsverpflichtung vor, dass Kunden in Gewerbegebieten berechtigt sind, sich im Falle der Uneinigkeit mit dem Netzbetreiber an die nationale Regulierungsbehörde zu wenden. Schon auf dem Boden dieser Regelung hätte die Regulierungsbehörde mit Hilfe der Missbrauchsaufsicht eingreifen können müssen, sollte die Aufsichtsbehörde nicht zur bloßen Streitschlichtungsstelle degenerieren.

dd) Beschaffung der Energie zur Deckung von Energieverlusten und Kapazitätsreserven

Im Stromsektor können die Mitgliedstaaten den Betreiber eines geschlossenen Verteilernetzes auch von den nach Art. 25 Abs. 5 StromRL geltenden Verpflichtungen befreien, wonach jeder Verteilernetzbetreiber die Energie, die er zur Deckung von Energieverlusten und Kapazitätsreserven in seinem Netz verwendet, nach transparenten, nichtdiskriminierenden und marktorientierten Verfahren zu beschaffen hat. Diese Verpflichtung ist bisher in § 22 EnWG gere-

98 Vgl. BGH, Beschl. v. 14.8.2008, Az. KVR 27/07, RdNr. 31 – Stadtwerke Engen; dazu *Wolf*, ZWeR 2009, 232 ff.

gelt und durch die §§ 9 und 10 StromNZV näher ausgestaltet worden. Nach § 10 Abs. 1 S. 2 u. 3 StromNZV muss Verlustenergie im Ausschreibungsverfahren beschafft werden, soweit nicht wesentliche Gründe wie z.B. ein unangemessenes Kosten-Nutzen-Verhältnis entgegenstehen. Aufgrund der Europarechtswidrigkeit des § 110 EnWG ist § 22 EnWG und dessen Ausgestaltung in der StromNZV zwar anwendbar; § 10 Abs. 1 S. 4 StromNZV nimmt aber Verteilernetze, an die weniger als 100.000 Kunden angeschlossen sind, von der Verpflichtung aus. Die gleiche Ausnahme gilt für die nach § 10 Abs. 2 StromNZV bestehende Verpflichtung, einen Bilanzkreis zu führen, der ausschließlich den Ausgleich von Verlustenergie umfasst. Die allgemeine Verpflichtung aus § 22 EnWG selbst kann im Hinblick auf Art. 14 Abs. 5 StromRL 2003 allerdings nicht entfallen.

c) Sonstige Verpflichtungen der Betreiber von Objektnetzen

aa) Verbraucherschutz

Das Dritte Energiepaket erteilt, wie schon dargelegt, keine Generalfreistellung. Neben der ausdrücklich genannten Verpflichtung zur Zugangsgewährung verbleiben noch weitere Verpflichtungen.[99] Nach Art. 3 Abs. 3 StromRL 2009 muss wie bisher jeder *Haushaltskunde* einen Grundversorger haben; Ausnahmen werden nicht zugelassen. Auch für geschlossene Verteilernetze wird keine Ausnahme gemacht. Gleiches gilt für die von Art. 3 Abs. 9 StromRL 2009 (Art. 3 Abs. 5 StromRL 2003) geforderten und bisher in § 42 EnWG umgesetzten Informationspflichten. Eine umfassende Privilegie-

99 Vgl. zum Folgenden bereits *Boesche/Wolf*, ZNER 2005, 285, 292.

rung, wie sie § 110 Abs. 2 EnWG in der bisherigen Fassung vorsieht, und ist mit den europäischen Vorgaben unvereinbar. Bei der Schaffung einer richtlinienkonformen Ausnahmeregelung dürfen die Rechte von Haushaltskunden folglich nicht durch die Qualifizierung ihres Versorgungsgebietes als „Objektnetz" verkürzt werden. Transparenz für die Abnehmer in Industrieparks ist daher ausdrücklich und als immanenter Bestandteil einer effektiven Auswahlfreiheit, zu der die Zugangsverpflichtung ein notwendiges Gegenstück ist,[100] geschützt. Bleibt das EnWG also bei der bisherigen Unterscheidung von Netzen der allgemeinen Versorgung und solchen unterhalb dieser Schwelle und knüpft es auch in Zukunft besondere Verpflichtungen ausschließlich an diese Voraussetzung (vgl. § 36 Abs. 2 EnWG), so werden Objektnetze auch nach deutscher Systematik stets Netze der allgemeinen Versorgung sein müssen.

bb) Beitritt zur Kooperationsvereinbarung der Gasnetzbetreiber gemäß § 20 Abs. 1b EnWG?

Bei der Umsetzung der Objektnetzausnahme ist zu berücksichtigen, dass sich die Situation im Erdgasbereich nicht nur in technischer und wirtschaftlicher Hinsicht, sondern auch in den normativen Vorgaben von der im Strombereich in einigen Punkten unterscheidet. In § 20 Abs. 1b EnWG hat der deutsche Gesetzgeber den Zugang zu Erdgasversorgungsnetzen detailliert geregelt. Danach hat der Zugang aufgrund eines Zweivertragsmodells zu erfolgen, zu deren

100 EuGH v. 22.5.2008, Rs. C-439/06, RdNr. 43 – citiworks.

Realisierung § 20 Abs. 1b S. 5-7 EnWG eine umfassende Kooperationsverpflichtung für die Gasnetzbetreiber begründet.[101] Dieser sind die Netzbetreiber mit einer Kooperationsvereinbarung nachgekommen, welche durch Vorgaben der BNetzA bereits zweimal überarbeitet wurde und nunmehr in der Fassung vom 29.7.2008 (KoV III) vorliegt. Würde man Industrieparks oder sonstige geschlossene Verteilernetze verpflichten, der KoV III beizutreten, müssten alle auf dem Gelände befindlichen Ausspeisepunkte zu Letztverbrauchern zentral erfasst und eigenständig auf Marktgebietsebene bilanziert werden (§ 5 KoV III), während bislang nur die Netzkopplungspunkte zwischen dem vorgelagerten Netz und dem Betreiber des Industrieparks als Ausspeisepunkte ausgewiesen waren. Damit würde die Belieferung von im Netz ansässigen Abnehmern durch Dritte zwar vereinfacht. Gleichzeitig kämen aber auf die Netzbetreiber erhebliche administrative Belastungen zu. So sieht § 20 Abs. 1b S. 6 EnWG eine Zusammenarbeit der Gasnetzbetreiber bei der Kosten-/Entgeltwälzung vor, welches in § 6 KoV III näher ausgestaltet wird, so dass die Entgelte der am Transport beteiligten Netzbetreiber vom virtuellen Handelspunkt bis zur Ausspeisestelle dem Transportkunden als Ganzes vom Ausspeisenetzbetreiber in Rechnung gestellt werden, was einen administrativen Aufwand erfordert, der kaum hinter dem mit der ex ante-Regulierung verbundenen Aufwand zurückbleibt. Von einem solchen Aufwand wollte der europäische Gesetzgeber geschlossene Verteilernetze aber gerade befreien. Gleiches gilt für die interne Kapazitätsbestellung der im

101 Vgl. dazu BNetzA vom 17.11.2006, Az. BK7-06-074; dazu näher *Olbricht*, Netzzugang in der deutschen Gaswirtschaft, 2008, insbesondere S. 174 ff.

folgenden Jahr benötigten Kapazität auf der Basis historischer Ausspeisewerte durch den nachgelagerten Netzbetreiber gemäß der §§ 8 ff. KoV III beim vorgelagerten Netzbetreiber. Der Prozess der internen Bestellung verlagert innerhalb der Marktgebiete die Kapazitätsbuchung mit den damit zusammenhängenden Rechten und Pflichten auf die Netzbetreiber. Der Netzbetreiber erhält durch die Kapazitätsbestellung gegenüber dem vorgelagerten Netzbetreiber das Recht, die an dem Netzkopplungspunkt bestellte Kapazität zu nutzen (§ 8 Nr. 5 S. 1 KoV III), muss aber auch die bestellte Kapazität grundsätzlich unabhängig von der tatsächlichen Inanspruchnahme bezahlen (§ 12 Nr. 1 KoV III). Auch die täglichen Datenmeldepflichten zur Umsetzung der Bilanzierung nach GABi Gas, wonach alle Ausspeisepunkte zu Letztverbrauchern mit ihren jeweiligen Stunden- und Tageslastgängen erfasst und durch den Ausspeisenetzbetreiber (§ 21 KoV III), also dann den Objektnetzbetreiber, täglich an den jeweiligen Bilanzkreisnetzbetreiber gemeldet werden müssen, erfordert eine erhebliche Umgestaltung und Aufstockung der Netzadministration typischer Indutrieparkbetreiber. Zu den Verpflichtungen mit besonders hohem administrativen Aufwand gehört auch die sowohl im Falle der Anwendung von Standardlasprofilen (SLP) als auch der registrierenden Lastgangsmessung (RLM) aufgrund der Unterschiede zwischen bilanzierten und tatsächlichen Ausspeisewerten[102] erforderliche Abrechnung von Differenzmengen in Form der Durchführung einer sog. Mehr-/Minder-

102 Differenz zwischen den für einen Zählpunkt für einen Zeitraum vom Ausspeisenetzbetreiber an den Bilanzkreisnetzbetreiber gemeldete bilanzkreisrelevanten Allokationsdaten abzüglich des Verbrauchs des jeweiligen Zählpunktes für diesen Zeitraum.

mengenabrechnung (MMA) gemäß § 22 Ziff. 7 KoV III i.V.m. § 12 Anlage 3 KoV III. Es hat sich herausgestellt, dass die Durchführung der MMA auch für Betreiber von Verteilnetzen der allgemeinen Versorgung sehr aufwendig ist.[103] Eine Belastung auch der Objektnetzbetreiber liefe daher wiederum konträr der Zielsetzungen des Art. 28 GasRL 2009.

Wie auch schon die bisherige GasRL 2003 verlangt aber auch die GasRL 2009 nicht, dass das Zugangsmodell für Gasversorgungsnetze auf diese Weise auszugestalten ist. Die Dritte GasRL lässt dem nationalen Gesetzgeber vielmehr Spielraum bei der Ausgestaltung des Zugangssystems, sofern es nur diskriminierungsfrei, transparent und angemessen ist. Der Gesetzgeber kann daher von dem für Normalnetze vorgesehenen Verfahren absehen und sich mit einer isolierten Berechnung der Transportkosten auf dem Gelände des Objektnetzbetreibers anhand des Maßstabs von § 21 EnWG zufriedengeben. Geschlossene Verteilernetze müssen dann der KoV III nicht beitreten. Für den im Industriepark angesiedelten Abnehmer muss dann das Netzentgelt, das sich auf der Grundlage des auch für geschlossene Verteilernetze vorgeschriebenen buchhalterischen Unbundling errechnet, auf die Kosten aufgeschlagen werden, welche bis zur Gasablieferung am Übergabepunkt am „Werkstor" entstehen.

---

103 Vgl. *Aretz/Niehörster*, GWF 149 (2008), 479, 481. Mittlerweile liegt ein 56-seitiger BDEW/VKU-Leitfaden zur Be- und Abrechnung von Mehr-/Mindermengen Gas vom 15.5.2009 vor.

d) Genehmigungsvoraussetzung

Die Bedeutung einer Entscheidung der zuständigen Regulierungsbehörde nach § 110 Abs. 4 EnWG war bisher heftig umstritten. In ihrem Merkblatt ging die Bundesnetzagentur von einer nur deklaratorischen Wirkung aus. Die Entscheidung war danach keine Voraussetzung, um in den Genuss der Privilegierung nach § 110 EnWG zu kommen.[104] Demgegenüber wurde mit guten Gründen, insbesondere in Hinblick auf eine dem § 4 EnWG entsprechende Prüfung der Inbetriebnahme neuer Netze,[105] die Genehmigung als notwendige Voraussetzung einer Privilegierung angesehen.[106]

Die EG-Richtlinien stellen kein Erfordernis einer individuellen Genehmigung auf, gebieten aber die Einschaltung der Regulierungsbehörde(n). Es verbleibt daher ein Ausgestaltungsspielraum des Gesetzgebers bei einer Neuregelung. Nach § 4 EnWG haben Netzbetreiber vor Inbetriebnahme ihres Netzes eine Genehmigung zu beantragen, damit ihre Leistungsfähigkeit in Hinblick auf einen mit den Zielsetzungen des EnWG (§ 1 EnWG) konformen Netzbetrieb geprüft werden kann. Die dabei unter dem Aspekt der Versorgungssicherheit überprüfte technische Leistungsfähigkeit des Antragstellers ist gegeben, wenn dieser in der Lage ist, das Energieversorgungsnetz entsprechend den Vorschriften des EnWG, insbeson-

---

104 BNetzA, Merkblatt für Anträge nach § 110 Abs. 4 EnWG v. 7.9.2006, S. 7; so auch *de Wyl/Becker*, ZNER 2006, 101, 103; *Theobald*, in: Danner, Energierecht, Bd. 1 Stand Mai 2007, RdNr. 58 ff.; *Scholtka/Helmes*, NVwZ 2008, 1310, 1311.

105 So *Salje*, Energiewirtschaftsgesetz, § 110 EnWG RdNr. 55.

106 So *Boesche/Wolf*, ZNER 2005, 285, 287 und *Boesche/Wolf*, ZNER 2008, 123, 128; ebenso *Stötzel*, in: Britz/Hellermann/Hermes, EnWG Kommentar, § 110 RdNr. 25.

dere der §§ 1, 11 ff., 49 ff. zu betreiben,[107] so dass der störungsfreie Betrieb und die Instandhaltung der Versorgungsanlagen und technischen Betriebsmittel unter Einhaltung der einschlägigen Sicherheits- und Umweltschutzvorschriften gewährleistet ist.[108] Auf diese Vorprüfung kann auch mit Blick auf die Ziele der Richtlinien nicht verzichtet werden. So gehört es zu den unabdingbaren Verpflichtungen der Mitgliedstaaten, im Interesse der Verbraucher geeignete Maßnahmen zur Erreichung des Ziels der Versorgungssicherheit zu ergreifen.[109] Auch der bisherige § 110 EnWG verdrängt zwar das allgemeine Genehmigungserfordernis aus § 4 EnWG, integrierte aber dessen Voraussetzungen in den Tatbestand der Genehmigung. Im Rahmen einer Neuregelung für Industrienetze muss deren Inbetriebnahme daher dann, wenn ein Energieversorgungsnetz betrieben wird, von einer vorherigen Überprüfung durch die zuständige Aufsichtsbehörde abhängig gemacht werden. Der Netzbetreiber hat ebenfalls ein Interesse daran, da er dann sicher sein kann, dass er nicht ordnungswidrig i.S.v. § 95 Abs. 1 Nr. 1 EnWG handelt.[110] Auch Art. 37 Abs. 1 lit. h StromRL 2009, wonach die Regulierungsbehörde die Einhaltung der Anforderungen beobachtet und die bisherige Qualität in Bezug auf die Sicherheit und Zuverlässigkeit des Netzes überprüft, wäre ohne eine vorherige Anmeldung des Systems nicht durchführbar. Industrienetze und sonstige geschlossene Verteiler-

---

107 Vgl. *Büdenbender*, EnWG, § 3 RdNr. 94.

108 *Säcker/Faber*, in: BerlKommEnR, 2. Aufl. 2009, § 4 RdNr. 44; *Franke*, in: Schneider/Theobald, § 3 RdNr. 24.

109 Vgl. Art. 3 Abs. 7 StromRL 2009.

110 *Boesche/Wolf*, ZNER 2005, 285, 287.

netze können danach *nicht* von der allgemeinen Anmeldungspflicht freigestellt werden.

Damit ist aber noch nicht die Frage beantwortet, ob die partielle Privilegierung zwingend von einer vorherigen behördlichen Überprüfung der einzelnen Tatbestandsvoraussetzungen der Art. 28 Abs. 1 Strom- u. GasRL 2009 abhängen muss. Nach Art. 28 Strom- u. GasRL 2009 können die Mitgliedstaaten - in den Sprachfassungen übereinstimmend - veranlassen, dass „ein Netz“[111] als geschlossenes Verteilernetz eingestuft wird (Abs. 1) und dass „der Betreiber“[112] eines geschlossenen Verteilernetzes von bestimmten Verpflichtungen freigestellt wird. Dies kann durch eine Einzelfallüberprüfung erfolgen. Andererseits ist zu berücksichtigen, dass eine effiziente Regulierung verlangt, dem Erfordernis einer wirksamen Überwachung bei möglichst einfacher Verwaltungskontrolle unter dem Aspekt der Gleichbehandlung (Diskriminierungsfreiheit) Rechnung zu tragen. Schon die Aufzählung potentieller privilegierungswürdiger Kleinstnetze in den Erwägungsgründen der Richtlinien[113] lassen das Ausmaß in Betracht kommender Netze erahnen. Ein ex-ante Genehmigungsverfahren im Einzelfall läuft Gefahr, den beiden Zielsetzungen nicht mehr in ausgewogener Weise gerecht zu werden, insbesondere wenn durch das Anmeldeverfahren die Regulierungsbehörden gehindert werden, sich auf die Verfolgung schwerwiegender Verstöße zu konzentrieren. Darüber hinaus entstünden vor allem den kleinen Netzbetreibern, die in finanzieller Hinsicht gerade

111 Engl.: „a system“; frz.: „un réseau“.
112 Engl. „the operator“; frz.: „le gestionnaire“.
113 Erw. 30 StromRL 2009, Erw. 28 GasRL 2009.

entlastet werden sollen, durch dieses System zusätzliche Kosten. Mit genau diesen Erwägungen wurde daher für Freistellungen gemäß Art. 81 Abs. 3 EG mit Art. 1 Abs. 2 VO (EG) 1/2003 das System der Legalausnahme geschaffen.[114] Berücksichtigt man, dass die Netze bezüglich aller sonstigen Verpflichtungen - anders als noch im alten § 110 EnWG - gleichwohl der Aufsicht der Regulierungsbehörden unterstehen müssen, erscheint eine Einzelfallprüfung entbehrlich. Allein die formale ex ante-Entgeltregulierung entfällt; der materielle Maßstab zur Entgeltbildung hingegen ist der gleiche (s.o. IV. 2. b) cc)). Die Regulierungsbehörde würde zudem spätestens im Falle von Beschwerden von Nutzern geschlossener Verteilernetze i.S.d Art. 28 Abs. 3 Strom- u. GasRL 2009 inzident eine Prüfung der Privilegierungsvoraussetzungen vornehmen müssen. Verbleibenden Anreizen, den Netzzugang mit Hilfe der Ausgestaltung der Netzzugangsbedingungen faktisch zu beschränken, würde jedenfalls bis zu einer gerichtlichen Klärung[115] auch durch eine Vorabprüfung der Privilegierungsvoraussetzungen nicht Einhalt geboten. Hinzu kommt, dass, da solche Netze im Übrigen den Netzen der allgemeinen Versorgung gleichgestellt sind, regelmäßig bereits die Herauslösung aus dem ex ante-Genehmigungsverfahren faktisch eine Erklärungslast für den Netzbetreiber begründet, der dann ja als Netzbetreiber eine Genehmigung gemäß § 4 EnWG benötigt und damit der zuständigen Regulierungsbehörde bekannt ist. Dem Ge-

---

114 Erwägungsgründe 2 f. der VO (EG) Nr. 1/2003 v. 16.12.2002 zur Durchführung der in den Artikeln 81 und 82 des Vertrags niedergelegten Wettbewerbsregeln, ABl. EG 2003 Nr. L 1/1.

115 Vgl. dazu *Boesche*, Die zivilrechtsdogmatische Struktur des Anspruchs auf Zugang zu Energieversorgungsnetzen, 2003.

danken des *effet utile*[116] des neuen, um eine Privilegierung erweiterten Regulierungsrahmens folgend ist daher eine vorherige Einzelgenehmigung zu einer effektiveren Durchsetzung eines einheitlichen Energiebinnenmarktes nicht zwingend notwendig. Der Gesetzgeber kann daher auch vorsehen, dass die Regulierungsbehörde gemäß § 29 EnWG eine abstrakte-generelle Festlegung trifft.[117] Voraussetzung dafür ist jedoch, dass das Verfahren nach § 4 EnWG auch für Objektnetzbetreiber gilt.

Dass der Gesetzgeber nicht gezwungen ist, eine vorherige auf den Status als geschlossenes Verteilernetz gerichtete behördliche Einzelgenehmigung vorzusehen, bedeutet aber nicht, dass er kein solches Einzelgenehmigungssystem etablieren dürfte. Er sollte in Anbetracht verbleibender Unsicherheiten und im Interesse der betroffenen Unternehmen an Rechtssicherheit vorsehen, dass auf Antrag ein Negativattest erteilt werden kann.[118]

---

116 Vgl. EuGH v. 6.10.1970, Rs. 9/70, Slg. 1970, 825, RdNr. 5 - Franz Grad; EuGH v. 21.1.1993, Rs. C-308/90, Slg. 1993, I-309, RdNr. 21 - Advanced Nuclear Fuels/Kommission.

117 Die Richtlinien stellen es wegen ihrer besonderen fachspezifischen Kompetenz ausdrücklich in das Ermessen der Regulierungsbehörde, Regelungen sowohl für die Privilegierungsvoraussetzungen als auch deren Reichweite zu schaffen. Für die Regulierung des Telekommunikationssektors stellte sich der Generalanwalt *Maduro* daher in Hinblick auf das Vorgreifen des Gesetzgebers in das Ermessen der Regulierungsbehörde in Bezug bei neuen Märkten (§ 9a TKG) auf den Standpunkt, dass die vom Gemeinschaftsgesetzgeber ausdrücklich angeordnete Autonomie der Behörde zur Sicherstellung ihrer Unabhängigkeit eine solche Vorprägung verbieten (GA *Maduro* v. 23.4.2009, Rs. C-424/07, RdNr. 60-68 - Kommission/Deutschland). Übertragen auf den ebenfalls diese Zielsetzung verfolgenden Rechtsrahmen des Dritten Energiepakets (vgl. z.B. Erwägung 33, 34 StromRL 2009 und 29, 30 GasRL 2009; Art. 35 Abs. 4, 5 StromRL 2009; Art. 39 Abs. 4, 5 GasRL 2009), ist diese ausdrückliche Kompetenzzuweisung ernst zu nehmen

118 Siehe bereits *Boesche/Wolf*, ZNER 2008, 123, 132. Da eine solche Bindung jedoch nicht weiter gehen darf, als unter den Voraussetzungen der Art. 28 Strom- u.

e) Umsetzung der Gestaltungsspielräume durch einen legislativen Akt

Die Umsetzung der Befreiungsmöglichkeiten für Industrienetze liegt im Ermessen der Mitgliedstaaten. Der deutsche Gesetzgeber muss keine solche Ausnahmevorschrift schaffen. Da er aber schon anlässlich des citiworks-Urteils des EuGH sein Interesse an einer industriepolitisch motivierten Ausnahme erklärt hat,[119] ist eine nunmehr richtlinienkonforme „Reanimation" des § 110 EnWG zu erwarten und auch von der Sache her gerechtfertigt.[120] Dabei ist darauf hinzuweisen, dass § 110 EnWG nicht für nichtig, sondern nur für unanwendbar erklärt wurde. Mit Inkrafttreten einer europarechtlichen Ausnahmevorschrift besteht die Möglichkeit eines teilweisen Wiederauflebens des § 110 EnWG. In Anbetracht der Ausnahmen für bestimmte Arten von Dienstleistungsnetzen in § 110 Abs. 1 Nr. 2 und 3 EnWG verbliebe aber ein erhebliches Maß an

---

GasRL, kann diese keinesfalls unbedingt und unbefristet erteilt werden und damit vorhersehbar Gefahr laufen, einen durch Vertrauensschutz abgesicherten Rechtstatbestand zu schaffen, der im Falle veränderter tatsächlicher Umstände im Netz nicht mehr richtlinienkonform ist.

119 Gesetzentwurf der Bundesregierung zum Gesetz zur Förderung der Kraft-Wärme-Kopplung, BT-Drs. 16/8305 v. 28.2.2008, S. 30: „Versorgungsanlagen auf Privatgrund und ihre Behandlung nach dem EnWG haben in der nationalen Praxis wiederholt Fragen aufgeworfen. Insgesamt hat sich aber gezeigt, dass Bedarf besteht, bestimmte Fallkonstellationen nicht dem EnWG mit seiner umfassenden Regulierung zu unterstellen. [...] Es sollte [...] umfassend geklärt werden, welche Spielräume national verbleiben, um zu einer sinnvollen, praxisgerechten Regelung zu kommen. Erklärtes Ziel des Energiewirtschaftsrechts ist es, die Versorgung der Allgemeinheit zu gewährleisten und in diesem Rahmen Wettbewerb sicherzustellen. Zentraler Regelungsgegenstand des Energiewirtschaftsgesetzes sind dementsprechend Netze mit dieser Zweckbestimmung. Dieser Ansatz spricht dafür, den Anwendungsbereich des EnWG strikt auf Netze dieser Qualität zu beschränken und zu konzentrieren."

120 Vgl. dazu *Becker*, Individuelles Energiewirtschaftsrecht, 2008, S. 585 ff.

Rechtsunsicherheit über deren Europarechtskonformität.[121] Auch das OLG Dresden wies in seiner Entscheidung zum Flughafen Leipzig darauf hin, dass ein gestutzter § 110 EnWG nicht mehr dem Willen des Gesetzgebers entsprochen hätte und damit auch nicht in Teilen anwendbar bleiben könne.[122] Die zukünftige Regelung sollte sich daher eng an die europäischen Vorgaben anlehnen. Dies verlangt eine nicht unerhebliche Umgestaltung der Vorschrift. Insbesondere wäre eine Beschränkung der sektorspezifischen Zugangskontrolle, wie sie noch in der aktuellen Fassung zu finden ist, nicht mehr zulässig.

3. Anwendbarkeit des allgemeinen Wettbewerbsrechts (§§ 19, 20 GWB)

Unter dem Regime des bisherigen § 110 EnWG war anerkannt, dass das allgemeine Wettbewerbsrecht, insbesondere das Missbrauchsverbot der §§ 19, 20 GWB, auf Objektnetze uneingeschränkte Anwendung finden muss;[123] insoweit fehlte es an einer abschließenden Regelung im Sinne des § 111 EnWG. Dahinter steht das Prinzip, dass die Normen des EnWG lediglich die Funktion eines sektorspezifischen, den Besonderheiten des regulierten Wirtschaftssektors entsprechenden Sonderkartellrechts ausüben.[124] Die für alle Wirt-

121 Ebenso *Boesche*, in: Berliner Kommentar zum Energierecht, 2. Aufl. 2009, § 110 RdNr. 6 ff.; a.A. *Becker*, RdE 2008, 126, 130; *ders.*, EuZW 2008, 101 f.; wie hier ausführlich *Boesche/Wolf*, ZNER 2008, 123, 125 f.

122 OLG Dresden v. 17.10.2006, Az. W 1109/06 Kart, RdE 2007, 125 – Flughafen Leipzig.

123 So bereits *Boesche/Wolf*, ZNER 2005, 285, 290; dem folgend die h.M.

124 Vgl. *Kühling*, Sektorspezifische Regulierung in den Netzwirtschaften, 2004, S. 21 f.; *Möschel*, in: Immenga/Mestmäcker, § 19 RdNr. 220 ff. So verlangt z.B. § 58 Abs. 3 EnWG ausdrücklich von der BNetzA unter Hinweis auf den bestehenden

schaftszweige gleichermaßen zu beachtenden Regeln gelten demnach auch für nicht spezialgesetzlich durch das EnWG geregelte Objekte. Die Erteilung eines generellen „Freifahrtscheines“ würde den Zielen „der Sicherstellung eines wirksamen und unverfälschten Wettbewerbs“ (§ 1 Abs. 2 EnWG) widersprechen. Folglich muss im Falle der Nichtanwendbarkeit des EnWG das GWB Anwendung finden. Da in Zukunft aber die sektorspezifische Zugangsverpflichtung und Missbrauchsaufsicht (§ 30 EnWG) auch für Industrienetze bei Realisierung des Art. 28 Strom- u. GasRL 2009 EG-rechtlich gewährleistet sind, bleiben in Zukunft die Normen des allgemeinen Wettbewerbsrechts bei Beibehaltung des § 111 EnWG unanwendbar.

Zusammenhang der Instrumentarien die Berücksichtigung der im allgemeinen Wettbewerbsrecht geltenden Maßstäbe.

V. Die Rechtslage bis zur Neufassung des § 110 EnWG

1. Die Reichweite der Entscheidung des Europäischen Gerichtshofs

Die *Citiworks*-Entscheidung des Europäischen Gerichtshofs vom 22.5.2008[125] hat klargestellt, dass die Betreiber von Betriebsnetzen i.S. von § 110 Abs. 1 Nr. 1 EnWG voll den Vorschriften des EnWG unterliegen, weil dieser Tatbestand nicht von den Ausnahmemöglichkeiten der Zweiten EG-Elektrizitätsrichtlinie (Beschleunigungsrichtlinie) gedeckt ist. Die Entscheidung bezieht sich ausdrücklich nicht auf den zweiten und dritten Ausnahmetatbestand, nämlich auf Dienstleistungs- und Eigenversorgungsnetze, sondern befasst sich nur mit § 110 Abs. 1 Nr. 1 EnWG.

Bei den Betriebsnetzen des § 110 Abs. 1 Nr. 1 EnWG ist es als Folge der Entscheidung des EuGH den innerstaatlichen Behörden und Gerichten verwehrt, weiterhin § 110 Abs. 1 Nr. 1 EnWG anzuwenden. Der Europäische Gerichtshof hat in ständiger Rechtsprechung, gestützt auf die effet-utile-Doktrin entschieden, dass ein Mitgliedstaat gegen seine Verpflichtungen aus Art. 3 Abs. 1 lit. g, 10 Abs. 2, 81 Abs. 1 bzw. 82 EG verstößt, wenn er Maßnahmen trifft, die die praktische Wirksamkeit der Wettbewerbsvorschriften in den EG-Mitgliedstaaten beeinträchtigen. Ein solcher Fall ist nach der Rechtsprechung immer dann gegeben, wenn ein Mitgliedstaat durch eine nationale Gesetzesvorschrift die Anwendung EG-rechtlicher Vor-

125 EuGH, Urt. v. 22.5.2008, Rs. C-439/06, Slg. 2008, I-3913 – citiworks.

schriften erschwert.[126] Im DRK-Urteil vom 5.10.2004 hat der Europäische Gerichtshof zudem nochmals ausdrücklich festgestellt, dass eine Richtlinie nach Ablauf der Umsetzungsfrist bereits vor ihrer förmlichen Umsetzung von den nationalen Behörden und Gerichten zu beachten ist und nationale Vorschriften, die dem Inhalt der Richtlinien in dem vom Europäischen Gerichtshof angenommenen Sinn zuwiderlaufen, nicht mehr praktizierbar sind.[127] Zur Bedeutung der Entscheidung des EuGH ist darauf hinzuweisen, dass durch die Auslegung einer Bestimmung des Gemeinschaftsrechts, die der Gerichtshof in Ausübung seiner Befugnisse aus Art. 234 EG vornimmt, erforderlichenfalls erläutert und verdeutlicht wird, in welchem Sinne und mit welcher Bedeutung diese Bestimmung seit ihrem Inkrafttreten zu verstehen und anzuwenden ist oder gewesen

126 Siehe EuGH, Urt. v. 19.2.2002, Rs. C-35/99, Slg. 2002, I-1529, RdNr. 35 - Manuelle Arduino: Eine Verletzung der Art. 10 und 81 EG liegt vor, „wenn ein Mitgliedstaat gegen Art. 81 verstoßende Kartellabsprachen vorschreibt oder erleichtert oder die Auswirkung solcher Absprachen verstärkt oder wenn er seiner eigenen Regelung dadurch ihren staatlichen Charakter nimmt, dass er die Verantwortung für in die Wirtschaft eingreifende Entscheidungen privaten Wirtschaftsteilnehmern überträgt"; ebenso bereits EuGH, C-311/85, Slg. 1987, 3801, 3829, RdNr. 23 - Vlaamsee Reisebueros; EuGH, C-136/86, Slg. 1987, 4789, 4815, RdNr. 24; EuGH, Urt. v.v17.11.1993, Rs. C-185/91, Slg. 1993, I-5801 - Reiff; bestätigt durch EuGH, C-153/93, Slg. 1994, I-2517 - Delta Schiffahrts- und Speditionsgesellschaft; EuGH, C-2/91, Slg. 1993, I-5751 - Meng; EuGH, C-245/91, Slg.1993, I-5851, RdNr. 10 - Ohra Scheverzekeringen; EuGH, C-412/93, EuGH, Urt. v. 9.2.1995, Rs. C-412/93, Slg. 1995, I-179, RdNr. 25 - Leclerc-Siplec; EuGH Slg. 1998, I-5955, RdNr. 31 - Librandt; EuGH, Urt. v. 21.9.1999, Rs. C-67/96, Slg. 1999, I-5751, RdNr. 65 - Albany; aus der Literatur vgl. *Mestmäcker,* RabelsZ 52 (1988), 526; *Füller,* ARSP-Beiheft 83 (2002), 121, 133 f; *Ehricke,* Staatliche Eingriffe in den Wettbewerb, 1994; *Frenz,* DVBl 2001, 673, 682ff.; *Fritzsche,* ZHR 160 (1996), 31, 52ff.; Monopolkommission, Sondergutachten 34 E.ON/Gelsenberg und Bergemann, S. 123ff., insb. S. 128 unter Hinweis auf EuGH, Urt. v. 30.4.1986, verb. Rs. 209 bis 213/84, Slg. 1986, 1425, RdNr. 71 ff. - Nouvelles Frontières.

127 Vgl. EuGH, Urt. v. 5.10.2004, verb. Rs. C-397 bis C-403/01, Slg. 2004, I-8835, RdNr. 107 ff. - Pfeiffer.

wäre.[128] Eine Vorabentscheidung ist, mit anderen Worten, nicht konstitutiver, sondern rein deklaratorischer Natur und „wirkt" daher grundsätzlich auf den Zeitpunkt des Inkrafttretens der ausgelegten Vorschrift zurück.[129] Daraus folgt, dass eine so ausgelegte Bestimmung des Gemeinschaftsrechts von einer Verwaltungsbehörde im Rahmen ihrer Zuständigkeit auch auf alle Rechtsbeziehungen anzuwenden ist, die vor dem Erlass der Vorabentscheidung des Gerichtshofs entstanden sind.[130]

Eine Reihe von Industrieparks sind Dienstleistungsparks i.S. von § 110 Abs. 1 Nr. 2 EnWG, andere Eigenversorgungsnetze i.S. des § 110 Abs. 1 Nr. 3 EnWG und haben positive Bescheide der zuständigen Landesregulierungsbehörde, gestützt auf § 110 Abs. 1 Nr. 2 bzw. Nr. 3 EnWG, erhalten. Es fragt sich, ob, solange diese Bescheide nicht widerrufen sind, die Unternehmen darauf vertrauen dürfen, dass sie weiterhin ihre Sonderstellung bis zu einer Umsetzung des Dritten Energiepakets praktizieren dürfen und nicht den Rechtspflichten aus dem EnWG unterliegen. Bislang haben die Bundesnetzagentur bzw. die Landesregulierungsbehörden noch keine

128 (vgl. u. a. Urteile vom 27. März 1980, Denkavit italiana, 61/79, Slg. 1980, 1205, Randnr. 16, vom 10. Februar 2000, Deutsche Telekom, C-50/96, Slg. 2000, I-743, Randnr. 43, und Urteil Kühne & Heitz, Randnr. 21)

129 EuGH, Urt. v. 12.2.2008, Rs. C-2/06, Slg. 2008, I-411, RdNr. 35 - Kempter; vgl. in diesem Sinne bereits EuGH, Urt. v. 19.10.1995, C-137/94, Slg. 1995, I-3407, RdNr. 33 - Richardson.

130 EuGH, Urt. v. 13.1.2004, Rs. C-453/00, Slg. 2004, I-837, Rdnr. 22 - Kühne & Heitz; EuGH, Urt. v. 12.2.2008, Rs. C-2/06, Slg. 2008, I-411, RdNr. 36 - Kempter; siehe auch EuGH, Urt. v. 3.10.2002, Rs. C-347/00, Slg. 2002, I-8191, RdNr. 44 - Barreira Pérez; EuGH, Urt. v. 17.2.2005, verb. Rs. C-453/02 u. C-462/02, Slg. 2005, I-1131, RdNr. 41 - Linneweber und Akritidis; EuGH, Urt. v. 6.3.2007, Rs. C-292/04, Slg. 2007, I-1835, RdNr. 34 - Meilicke u. a.

Aufforderung an diese Industrieparks gerichtet, die Vorschriften des EnWG voll inhaltlich anzuwenden.

2. Bestandskraft von Verwaltungsakten bei Europarechtswidrigkeit der Rechtsgrundlage

Die Bestandskraft von Verwaltungsakten nach Ablauf angemessener Klagefristen oder nach Erschöpfung des Rechtswegs ist ein Gebot des Grundsatzes der Rechtssicherheit, der auch zu den im Gemeinschaftsrecht anerkannten allgemeinen Rechtsgrundsätzen gehört. Das Gemeinschaftsrecht verlangt daher nicht, dass eine Verwaltungsbehörde grundsätzlich verpflichtet ist, eine bestandskräftige Verwaltungsentscheidung zurückzunehmen.[131] Der Gerichtshof hat allerdings entschieden, dass besondere Umstände eine nationale Verwaltungsbehörde nach dem in Art. 10 EG verankerten Grundsatz der Zusammenarbeit verpflichten können, eine infolge der Erschöpfung des innerstaatlichen Rechtswegs bestandskräftige Verwaltungsentscheidung zu überprüfen, um einer später vom Europäischen Gerichtshof vorgenommenen Auslegung einer einschlägigen Bestimmung des Gemeinschaftsrechts Rechnung zu tragen.[132] Bereits in der Rechtssache *Ciola*[133] hat der Europäische Gerichtshof entschieden, dass sich der Anwendungsvorrang des Gemeinschaftsrechts grundsätzlich auch auf bestandskräftige Verwaltungsakte er-

---

131 EuGH, Urt. v. 13.1.2004, Rs. C-453/00, Slg. 2004, I-837, Rdnr. 24 - Kühne & Heitz.; EuGH, Urt. v. 12.2.2008, Rs. C-2/06, Slg. 2008, I-411, RdNr. 37 - Kempter.

132 EuGH, Urt. v. 13.1.2004, Rs. C-453/00, Slg. 2004, I-837, Rdnr. 27 - Kühne & Heitz, EuGh, Urt. v. 19.9.2006, verb. Rs. C-392/04 u. C-422/04, Slg. 2006, I-8559, RdNr. 52 - i-21 Germany u. Arcor; EuGH, Urt. v. 12.2.2008, Rs. C-2/06, Slg. 2008, I-411, RdNr. 38 - Kempter.

133 Vgl. EuGH, Urt. v. 29.4.1999, Rs. C-224/97, Slg. 1999, I-2517, RdNr. 25 ff. - Ciola.

strecke. Im Fall *Kühne & Heitz*[134] ergänzte er diese Rechtsprechung[135] und stellte vier Kriterien auf, bei deren Vorliegen eine Verwaltungsbehörde *verpflichtet* ist, eine bestandskräftige Verwaltungsentscheidung zurückzunehmen:

(1) Rücknahmebefugnis nach nationalem Recht;

(2) Rechtswegerschöpfung,

(3) Europarechtswidrigkeit,

(4) Unverzüglicher Antrag des Betroffenen.

Im Fall *Kempter*[136] stellte der EuGH dazu ausdrücklich fest, dass es unschädlich sei, wenn sich der Kläger im Rahmen des (erschöpften) nationalen Rechtsbehelfsverfahrens nicht auf das Gemeinschaftsrecht berufen habe. Außerdem ergebe sich aus dem EG-Recht keine Befristung des Rechts, einen Antrag auf Überprüfung zu stellen. Die *Verpflichtung* der Behörde zur Rücknahme europarechtswidriger Verwaltungsakte ist deshalb von Bedeutung, weil in Deutschland die Rücknahme rechtswidriger Verwaltungsakte grundsätzlich im Ermessen der Behörde steht (vgl. § 48 Abs. 1 VwVfG). Das Ermessen reduziert sich allerdings „auf Null", wenn die Aufrechterhaltung des Verwaltungsakts „schlechthin unerträglich" ist. Das Festhalten an dem Verwaltungsakt ist insbesondere dann „schlechthin unerträglich", wenn die Rechtswidrigkeit des Verwaltungsakts offensichtlich ist. Ferner kann die Ermessensausübung durch das zu-

---

134 Vgl. EuGH, Urt. v. 13.1.2004, Rs. C-453/00, Slg. 2004, I-837, Rdnr. 20 ff. – Kühne & Heitz.

135 Vgl. dazu *Bier*, jurisPR-BVerwG 10/2007 Anm. 4; *Kanitz/Wendel*, EuZW 2008, 231.

136 Vgl. EuGH, Urt. v. 12.2.2008, Rs. C-2/06, Slg. 2008, I-411, RdNr. 34 ff. – Kempter.

grundeliegende materielle Recht vorgegeben sein („intendiertes Ermessen").[137] In diesen Fällen muss die Behörde den Verwaltungsakt zurücknehmen.[138]

Unter Berufung auf das Äquivalenzprinzip hat der Europäische Gerichtshof in einem Urteil zur Vereinbarkeit der deutschen Telekommunikations-Lizenzgebührenverordnung (TKLGebV) mit der Richtlinie 97/13/EG über den gemeinsamen Rahmen für TK-Dienste festgestellt, dass dasselbe bei offensichtlichen Verstößen gegen das europäische Recht gelten müsse.[139] Dieser „Umweg" über das nationale Recht war notwendig, weil die o.g. vier Voraussetzungen nicht erfüllt waren und deshalb *keine* Rücknahmepflicht nach den Grundsätzen der *Kühne & Heitz*-Entscheidung bestand, da die klagenden Unternehmen den Rechtsweg nicht ausgeschöpft hatten. Die Offensichtlichkeit ist nach Auffassung des EuGH materiell anhand der Zielsetzungen des verletzten Gemeinschaftsrechts zu bestimmen.[140] Unter Hinweis auf die Erwägungsgründe 1, 2 und 4 bis 7 der Strom-RL sowie sein Urteil im Fall VEMW[141] wies der Europäische Gerichtshof im *citiworks*-Urteil auch nochmals deutlich darauf hin, dass der freie Zugang Dritter zu den Übertragungs- und Verteilernetzen eine der den Mitgliedstaaten überantworteten *Hauptmaßnahmen* ist, um zur Vollendung des Elektrizitätsbinnenmarkts zu gelan-

137 Vgl. dazu insbesondere BVerwG, NVwZ 2007, 709; *Sachs*, in: Stelkens/Bonk/Sachs, VwVfG, § 51 RdNr. 19.

138 Vgl. bereits BVerwGE 28, 122, 127 f.; dazu *Haack*, JURA 2008, 739, 740.

139 EuGH, Urt. v. 19.9.2006, verb. Rs. C-392/04 u. C-422/04, Slg. 2006, I-8559, RdNr. 62 ff. - i-21Germany u. Arcor/Deutschland.

140 EuGH, Urt. v. 19.9.2006, verb. Rs. C-392/04 u. C-422/04, RdNr. 70 - i-21Germany u. Arcor/Deutschland.

141 EuGH v. 7.6.2005, Rs. C-17/03, Slg. 2005, I-4983, RdNr. 42 bis 46 - VEMW u. a.

gen.[142] Insoweit spricht vieles für eine Ermessensschrumpfung auf Null, vor allem wegen der sonst andauernden Verhinderung der vom Gemeinschaftsrecht gewährten Zugangsrechte.[143] Das Bundesverwaltungsgericht hatte eine offensichtliche Rechtswidrigkeit der auf der TKLGebV beruhenden Verwaltungsakte jedoch verneint, obwohl der EuGH diese in seinem Urteil als „klar unvereinbar" mit RL 97/13/EG bezeichnet hatte,[144] indem es in einer formalen Betrachtungsweise auf die „Komplexität" der Entscheidungsgründe des Europäischen Gerichtshofes abstellte.[145] Die *citiworks*-Entscheidung des Gerichtshofs hingegen kann klarer und einfach strukturierter nicht sein: Es besteht der Grundsatz, dass der Third-Party-Access sichergestellt werden muss. Nur wenn Ausnahmetatbestände erfüllt sind, kann davon abgewichen werden, was man selbstverständlich einer Prüfung unterziehen muss, die hier aber von vornherein unterblieb. Darüber hinaus gibt das Gemeinschaftsrecht – als zugrundeliegendes „Fachrecht"[146] – vor, dass auf dem Boden des Gemeinschaftsrechts erträgliche Zustände nur durch Aufhebung der Genehmigungen erreicht werden können. Art. 20 StromRL besagt ausdrücklich, dass die Mitgliedstaaten den Zugang sicherzustellen haben. Der EuGH erkennt den Mitgliedstaaten zwar einen verbleibenden Umsetzungsspielraum zu. „Angesichts der Bedeutung des Grundsatzes des freien Zugangs zu den Übertragungs-

142 EuGH, a.a.O. RdNr. 38-44.

143 Vgl. auch schon *Nolte*, MMR 2007, 30, 31, zum Fall *i-21Germany u. Arcor/Deutschland;* in diese Richtung auch BVerwG, NVwZ 2007, 709, 712: „Diese Gesichtspunkte streiten [...] für die Aufhebung des Gebührenbescheides."

144 BVerwG, NVwZ 2007, 709; kritisch dazu *Boesche/Wolf*, ZNER 2008, 123, 127.

145 BVerwG, NVwZ 2007, 709, 711.

146 Vgl. BVerwG, NVwZ 2007, 709, 710.

und Verteilernetzen berechtigt dieser Spielraum sie aber nicht, diesen Grundsatz, abgesehen von den Fällen, in denen die StromRL Ausnahmen oder Abweichungen vorsieht, nicht anzuwenden."[147] Folglich sind die Mitgliedstaaten verpflichtet diesen - jedenfalls soweit möglich - sicherzustellen, egal welche nationalen Normen dafür Anwendung finden.[148] Dies schließt § 48 VwVfG mit ein.[149] Die restriktive Rechtsprechung des Bundesverwaltungsgerichtes kann jedenfalls dann nicht gelten, wenn die Behörde bei ihrer Ermessensentscheidung aufgrund einer Entscheidung des EuGH weiß, dass die nationale Vorschrift EG-rechtswidrig ist. In einem solchen Falle wäre die Aufrechterhaltung des Verwaltungsaktes „schlechthin unerträglich".

3. Durchbrechung der Jahresfrist in § 48 Abs. 4 VwVfG?

Da der Grundsatz der Rechtssicherheit ein tragender Bestandteil des Gemeinschaftsrechts ist,[150] ist nach ständiger Rechtsprechung des Europäischen Gerichtshofes auch die Festsetzung angemessener Ausschlussfristen für die Rechtsverfolgung im Interesse der Rechtssicherheit mit dem Gemeinschaftsrecht vereinbar[151] und nicht geeig-

147 EuGH v. 22.5.2008, Rs. C-439/06, RdNr. 55 - citiworks.

148 So auch schon *Nolte*, MMR 2007, 30, 31, zum Fall *i-21Germany u. Arcor/Deutschland*.

149 Vgl. zur Pflicht zur europarechtskonformen Auslegung einer zivilprozessualen Norm EuGH, Urt. v. 18.7.2007, Rs. C-119/05, Slg. 2007, I-6199 - Ministero dell'Industria, del Commercio e dell'Artigianato/Lucchini; EuGH, Urt. v. 233.1982, Rs. 102/81, Slg. 1982, 1095 - Nordsee Deutsche Hochseefischerei; EuGH, Urt. v. 1.6.1999, Rs. C-126/97, Slg. 1999, I-3055 - Eco Swiss.

150 EuGH, Urt. v. 13.1.2004, Rs. C-453/00, Slg. 2004, I-837, Rdnr. 24 - Kühne & Heitz.; EuGH, Urt. v. 12.2.2008, Rs. C-2/06, Slg. 2008, I-411, RdNr. 37 - Kempter.

151 Vgl. EuGH, Urt. v. 16.12.1976, Rs. 33/76, Slg. 1976, 1989, RdNr. 5 - Rewe; EuGH, Urt. v. 16.12.1976, Rs. 45/76, Slg. 1976, 2043, RdNr. 17 f. - Comet; EuGH, Urt. v.

net, die Ausübung der durch die Gemeinschaftsrechtsordnung verliehenen Rechte praktisch unmöglich zu machen oder übermäßig zu erschweren.[152] Dieser Grundsatz kann jedoch durchbrochen werden. Im Beihilfenrecht hat der Europäische Gerichtshof in ständiger Rechtsprechung demgemäß entschieden, dass der Anwendungsvorrang des Gemeinschaftsrechts eine nationale Behörde verpflichten könne, einen Verwaltungsakt auch dann noch zurückzunehmen, wenn eine nach nationalem Recht vorgesehene Ausschlussfrist verstrichen ist.[153] Das Vorlageverfahren wurde von einem deutschen Gericht herbeigeführt und nahm ausdrücklich auf § 48 Abs. 4 VwVfG Bezug. Der Europäische Gerichtshof führte aus, dass die der Jahresfrist zugrunde liegenden Prinzipien des Vertrauensschutzes und der Rechtssicherheit zwar tragende Grundsätze des Gemeinschaftsrechts seien,[154] sah diese jedoch nicht als verletzt an; denn einem sorgfältigen Gewerbetreibenden sei es regelmäßig möglich, sich über die Einhaltung des Verfahrens nach Art. 88 EG Gewissheit zu verschaffen. Deshalb könne der Beihilfenempfänger kein berechtigtes Vertrauen geltend machen.[155]

27.3.1980, Rs. 61/79, Slg. 1980, 1205, RdNr. 23 - Denkavit italiana; EuGH, Urt. v. 25.7.1991, Rs. C-208/90, Slg. 1991, I-4269, RdNr. 16 f. - Emmott; EuGH, Urt. v. 10.7.1997, Rs. C-261/95, Slg. 1997, I-4025, RdNr. 28 - Palmisani; EuGH, Urt. v. 17.7.1997, Rs. C-90/94, Slg. 1997, I-4085, RdNr. 48 - Haahr Petroleum; EuGH, Urt. v. 24.9.2002, C-255/00, Slg. 2002, I-8003, RdNr. 34 - Grundig Italiana.

152 EuGH, Urt. v. 24.9.2002, C-255/00, Slg. 2002, I-8003, RdNr. 34 - Grundig Italiana; EuGH, Urt. v. 12.2.2008, Rs. C-2/06, Slg. 2008, I-411, RdNr. 58 - Kempter.

153 EuGH, Urt. v. 20.3.1997, Rs. C-24/95, Slg. 1997, I-1591 - Alcan.

154 Vgl. Art. 14 Abs. 1 Satz 2 VO 659/1999 (Beihilfenverfahrensverordnung).

155 Das Urteil wurde in der Literatur zwar kritisiert, weil es nach Ablauf der Jahresfrist des § 48 Abs. 4 VwVfG an einer Rechtsgrundlage für die Rücknahme fehle (vgl. *Scholz*, DÖV 1998, 261, 265f.). Das BVerfG hat die entsprechende Verfassungsbeschwerde jedoch nicht zur Entscheidung angenommen (vgl. BVerfG, Be-

Die Lage nach dem Urteil des Europäischen Gerichtshofs zu § 110 EnWG ist eher vergleichbar mit derjenigen nach dem Urteil über die TKLGebV. Die Regulierungsbehörden sind nach der *Kühne & Heitz*-Rechtsprechung auf Antrag verpflichtet, die Bescheide nach § 110 Abs. 4 EnWG zurückzunehmen, solange die Jahresfrist des § 48 Abs. 4 VwVfG noch nicht abgelaufen ist und ein Unternehmen, das durch eine Entscheidung nach § 110 Abs. 4 EnWG belastet ist, gegen diese Entscheidung den Rechtsweg ausgeschöpft hat und einen Antrag auf Rücknahme stellt. Sofern diese Voraussetzungen nicht erfüllt sind, ist die Rechtsprechung des Bundesverwaltungsgerichts zur „offensichtlichen Rechtswidrigkeit" zu beachten. Ist die Jahresfrist des § 48 Abs. 4 VwVfG verstrichen, wovon aufgrund der Anknüpfung an die Kenntnis des citiworks-Urteils des Europäischen Gerichtshofes regelmäßig auszugehen ist, ist zu prüfen, ob eine Rücknahme nach den zuvor dargestellten Grundsätzen geboten ist. Dabei sind dem Äquivalenzgrundsatz folgend sämtliche im deutschen Recht bestehenden Möglichkeiten zur Aufhebung bestandskräftiger Verwaltungsakte zu berücksichtigen.[156]

schl. v. 17.2.2000, EuZW 2000, 445).

156 EuGH, Urt. v. 19.9.2006, verb. Rs. C-392/04 u. C-422/04, Slg. 2006, I-8559, RdNr. 62 ff. – i-21Germany u. Arcor/Deutschland. Zu denken ist insbesondere auch an das Verfahren nach § 51 VwVfG sowie § 49 VwVfG analog.

4. Pflicht zur Rücknahme der auf § 110 Abs. 1 Nr. 1 EnWG gestützten Verwaltungsakte?

Die Urteile des Europäischen Gerichtshofs in den Sachen *Kühne & Heitz*[157] und *Kempter*[158] betrafen Verwaltungsakte, die nur zwischen dem für den Erlass zuständigen Staat und dem Adressaten Wirkung entfalteten, nämlich Bescheide zur Rückforderung angeblich zu Unrecht geleisteter Ausfuhrerstattungen. Die Aufhebung der bestandskräftigen Verwaltungsakte wirkte sich dabei zugunsten des Adressaten aus. Auch die im Rahmen des Vertrauensschutzes angeführten Beispiele aus dem Beihilfenrecht betrafen jeweils nur das Verhältnis Staat – Privater. In diesen Fällen wirkt sich die Durchsetzung des Gemeinschaftsrechts hingegen zu Lasten des Adressaten des Verwaltungsaktes aus. Die Beschwer der Wettbewerber des durch eine Beihilfe begünstigten Unternehmens ergibt sich dabei nur als Reflex der staatlichen Zuwendung. Die mit der *Citiworks*-Entscheidung angesprochene Konstellation betrifft einen Verwaltungsakt, der die Rechtsbeziehung von Privaten zueinander beeinflusste. Die Umsetzung des Urteils hätte vorrangig negative Auswirkungen für den ursprünglich vom Bescheid Begünstigten, würde Dritte jedoch privilegieren. Soweit die Interessen antragstellender Dritter unmittelbar vom den Verwaltungsakten entgegenstehenden EG-Recht geschützt sind, finden die von der oben dargestellten Rechtsprechung entwickelten Grundsätze daher uneingeschränkte Anwendung. Da sowohl Energielieferanten als auch Endkunden vom Gemeinschaftsrahmen für den Energiebinnenmarkt

157 EuGH, Urt. v. 13.1.2004, Rs. C-453/00, Slg. 2004, I-837 – Kühne & Heitz.
158 EuGH, Urt. v. 12.2.2008, Rs. C-2/06, Slg. 2008, I-411 – Kempter.

geschützt sind,[159] können sie auf dem Boden der *Kühne & Heitz*-Rechtsprechung[160] grundsätzlich einen Antrag stellen, der die Behörde zur Rücknahme des bestandskräftigen Verwaltungsaktes zwingt. Korrigierende Überlegungen zur unmittelbaren Drittwirkung des EG-Rechts sind nur erforderlich, wenn nicht der Adressat des gemeinschaftsrechtswidrigen Verwaltungsakts, sondern der Dritte bei Herstellung eines gemeinschaftsrechtskonformen Zustands schlechter gestellt würde.[161] Ergänzende Überlegungen zur Bedeutung nicht ausreichend umgesetzter Richtlinien sind daher allenfalls bei der zivilrechtlichen Geltendmachung von Zugangsansprüchen inter partes gem. § 20 EnWG zu berücksichtigen.

5. Pflicht zur Rücknahme der auf § 110 Abs. 1 Nr. 2 und 3 EnWG gestützten Verwaltungsakte?

Eine uneingeschränkte Rücknahmepflicht besteht dagegen nach den vorstehenden Grundsätzen nicht zwingend für die ausschließlich auf Art. 110 Abs. 1 Nr. 2 und Nr. 3 EnWG gestützten Verwaltungsakte.[162] Es besteht inhaltlich keine Pflicht, die über die vorstehend behandelte grundsätzliche Verpflichtung der Mitgliedstaaten zu gemeinschaftsrechtskonformem Verhalten hinausgeht. Nur im Falle

159 Vgl. EuGH v. 7.6.2005, Rs. C-17/03, Slg. 2005, I-4983, RdNr. 42 bis 46 – VEMW u. a.

160 EuGH, Urt. v. 13.1.2004, Rs. C-453/00, Slg. 2004, I-837 – Kühne & Heitz.

161 In dem Urteil *Pfeiffer* hat der Europäische Gerichtshof (EuGH, Urt. v. 5.10.2004, verb. Rs. C-397 bis C-403/01, Slg. 2004, I-8835, RdNr. 107 ff. – Pfeiffer) zwar weiterhin die unmittelbare horizontale Wirkung von Richtlinien zu Lasten Privater verneint, vertrat aber im Rahmen der durch die Gerichte vorzunehmenden richtlinienkonformen Auslegung die Auffassung, dass eine EG-rechtswidrige Norm unangewendet bleiben müsse.

162 Vgl. auch *Haack*, JURA 2008, 739 ff. m.w.N.

einer Drittanfechtungsklage gegen den freistellenden, auf § 110 Abs. 1 Nr. 2 und 3 EnWG gestützten Verwaltungsakt könnte ein Gericht in autonomer Ausübung des Anwendungsvorrangs des Gemeinschaftsrechts § 110 Abs. 1 Nr. 2 und Nr. 3 für EG-widrig halten. Das letztinstanzlich zuständige Gericht müsste dann die Auslegungsfrage dem EuGH vorlegen, wenn das entsprechende Gemeinschaftsrecht entscheidend für den Ausgangsrechtsstreit ist,[163] sofern es nicht aufgrund der Entscheidung im Fall *citiworks* von einem *acte claire*[164] ausgeht.

Für die Vergangenheit bietet der zu § 110 Abs. 1 Nr. 2 bzw. Nr. 3 EnWG ergangene und nicht durch behördliche Rücknahme bzw. durch rechtskräftiges Urteil der Fachgerichtsbarkeit aufgehobene Verwaltungsakt daher eine für die Begünstigten verlässliche Grundlage für die Anwendung der Vorschrift *im Verhältnis zur Regulierungsbehörde*. Solange der begünstigende Verwaltungsakt unangefochten besteht, kann das Unternehmen auf die von der Behörde vertretene Rechtsansicht vertrauen und ist vor repressiven Maßnahmen mit Mitteln der Missbrauchsaufsicht nach § 30 EnWG geschützt. Auch eine Wirtschaftsprüfungsgesellschaft konnte sich über den Bestandsschutz, den der Verwaltungsakt gewährt, nicht hinwegsetzen und verlangen, dass ein buchhalterisches Unbundling gemäß § 10 EnWG durchgeführt wird. Spätestens mit dem Erlass des Dritten Energiebinnenmarktpakets sind aber die schon im Zweiten Richtlinienpaket verankerten strengen Anforderungen an

163 Vgl. hierzu kritisch *Hummel*, NVwZ 2008, 36ff.

164 Vgl. EuGH, Urt. v. 6.10.1982, Rs. 283/81, Slg. 1982, 3415 RdNr. 16 ff. – CILFIT; siehe dazu *Heß*, ZZP 108 (1995), 59, 80.

das buchhalterische Unbundling implizit bestätigt worden, was eine auf unabsehbare Zeit fortdauernde Befreiung ausschließt.[165] Objektnetze unterliegen jedenfalls der Verpflichtung zur Gewährleistung eines diskriminierungsfreien Netzzugangs. Dieser Anspruch ergibt sich bis zur Neuregelung des § 110 EnWG unmittelbar aus Art. 82 EG bzw. aus §§ 19, 20 GWB, bei deren Auslegung die Wertungen der Energiebinnenmarktrichtlinien und des § 20 EnWG zu berücksichtigen sind.[166]

---

165 Siehe dazu oben IV. 2. b. bb).

166 Vgl. aber auch *Boesche/Wolf*, ZNER 2008, 123, 128 f., die einen § 110 EnWG generell verdrängenden Vorrang des Gemeinschaftsrechts mit der Folge der Anwendbarkeit des § 20 EnWG annehmen. Dagegen lässt sich anführen, dass der deutsche Gesetzgeber das EnWG generell nicht auf Objektnetze angewandt wissen wollte und für Objektnetze gerade keinen Zugangsanspruch schaffen wollte. Es ist daher Sache des Gesetzgebers, das für Objektnetze geschlossene EnWG zu öffnen und die EG-Rechtswidrigkeit zu beseitigen.

VI. Schlussfolgerungen

Industrieparks weisen, wie am Beispiel von Chemieparks gezeigt wurde, wirtschaftliche und technische Eigenarten auf, die es aus industriepolitischen Gründen als notwendig erscheinen lassen, übermäßige aus dem Regulierungsrecht folgende administrative Belastungen zu vermeiden. Um der Wettbewerbsfähigkeit solcher Areale, namentlich aber auch technischen Notwendigkeiten (z.B. höheren Sicherheitsanforderungen als im allgemeinen Versorgungsnetz), Rechnung zu tragen, ist die geplante EG-rechtliche Ausnahmeregelung für solche Netze sachgerecht. Mit Aufnahme einer solchen Ausnahme in das „Dritte Maßnahmenpaket" kann der deutsche Gesetzgeber die von ihm bislang mit § 110 EnWG bezweckte Privilegierung auf eine europarechtskonforme Weise umsetzen.

Die Privilegierung kann aber nicht weiter gehen, als es die auf die Erfordernisse des Betriebs von Industrieparks beschränkte Öffnungsklausel in der Strom- und der Gasrichtlinie (Art. 28) zulässt. Deshalb muss die Neuregelung das Prinzip des freien Netzzugangs Dritter (§§ 17, 20, 21 EnWG) und das zur Sicherung dieses Prinzips bestehende Kontrollverfahren (§§ 30 ff. EnWG) respektieren. Die Ausnahmeregelung ist eng auf die spezifischen Anforderungen eines Industrieparks bezogen; d.h. die Energieversorgung muss unter ökonomischen und ökologischen Aspekten auf die Optimierung einer integrierten Versorgung gerichtet sein und der Gewährleistung der spezifischen Sicherheits- oder Produktionsstandards dienen.

Der durch die Regulierungsbehörden zu überwachende diskriminierungsfreie Zugang Dritter ist unverzichtbar. Eine Ex-ante-Preisregulierung gemäß § 23a EnWG wird von Art. 28 Abs. 2 Strom- und GasRL 2009 nicht gefordert. Auch ein Beitritt der geschlossenen Verteilernetze zu der auf § 20 Abs. 1b EnWG begründeten KoV III ist entbehrlich. Ein buchhalterisches Unbundling gemäß § 10 EnWG ist zwingend erforderlich, da bei der Versorgung eines im Industriepark angesiedelten Unternehmens durch Dritte der gleiche materielle Prüfungsmaßstab und die gleiche Prüfungsdichte gelten, die auch für die Netznutzungsentgelte gelten, die bei der öffentlichen Versorgung von Industriekunden anwendbar sind.

Anhang

Rechtsgrundlagen für Objektnetze im Dritten Legislativpaket

Deutsche Sprachfassungen

Erwägungsgründe 30 der StromRL 2009 und 28 der GasRL 2009

„Wo im Interesse der optimalen Effizienz integrierter Energieversorgung ein geschlossenes Verteilernetz betrieben wird und besondere Betriebsnormen erforderlich sind oder ein geschlossenes Verteilernetz in erster Linie für die Zwecke des Netzeigentümers betrieben wird, sollte die Möglichkeit bestehen, den Verteilernetzbetreiber von Verpflichtungen zu befreien, die bei ihm - aufgrund der besonderen Art der Beziehung zwischen dem Verteilernetzbetreiber und den Netzbenutzern - einen unnötigen Verwaltungsaufwand verursachen würden. Bei Industrie- oder Gewerbegebieten oder Gebieten, in denen Leistungen gemeinsam genutzt werden, wie Bahnhofsgebäuden, Flughäfen, Krankenhäusern, großen Campingplätzen mit integrierten Anlagen oder Standorten der Chemieindustrie können aufgrund der besonderen Art der Betriebsabläufe geschlossene Verteilernetze bestehen."

Artikel 28 StromRL 2009[167]
Geschlossene Verteilernetze

(1) Die Mitgliedstaaten können veranlassen, dass ein Netz, mit dem in einem geographisch begrenzten Industrie- oder Gewerbegebiet oder Gebiet, in dem Leistungen gemeinsam genutzt werden, Strom verteilt wird, wobei - unbeschadet des Absatzes 4 - keine Haushaltskunden versorgt werden, von den nationalen Regulierungsbehörden oder sonstigen zuständigen Behörden als geschlossenes Netz eingestuft wird, wenn

a) die Tätigkeiten oder Produktionsverfahren der Benutzer dieses Netzes aus konkreten technischen oder sicherheitstechnischen Gründen verknüpft sind, oder

b) mit dem Netz in erster Linie Strom an den Netzeigentümer oder -betreiber oder an mit diesen verbundene Unternehmen verteilt wird.

(2) Die Mitgliedstaaten können veranlassen, dass der Betreiber eines geschlossenen Verteilernetzes von den nationalen Regulierungsbehörden freigestellt wird von

a) den nach Artikel 25 Absatz 5 geltenden Verpflichtungen zur Beschaffung der Energie zur Deckung von Energieverlusten und Kapazitätsreserven im Netz nach transparenten, nichtdiskriminierenden und marktorientierten Verfahren,

167 RL 2009/72/EG.

b) der nach Artikel 32 Absatz 1 geltenden Verpflichtung zur Genehmigung von Tarifen oder der Methoden zu ihrer Berechnung vor deren Inkrafttreten gemäß Artikel 37.

(3) Wird eine Befreiung nach Absatz 2 gewährt, werden die geltenden Tarife oder die Methoden zu ihrer Berechnung auf Verlangen eines Benutzers des geschlossenen Verteilernetzes gemäß Artikel 37 überprüft und genehmigt.

(4) Die gelegentliche Nutzung des Verteilernetzes durch eine geringe Anzahl von Haushalten, deren Personen ein Beschäftigungsverhältnis oder vergleichbare Beziehungen zum Eigentümer des Verteilernetzes unterhalten und die sich in dem durch ein geschlossenes Verteilernetz versorgten Gebiet befinden, steht der Gewährung der Freistellung gemäß Absatz 2 nicht entgegen.

Artikel 28 GasRL 2009[168]

Geschlossene Verteilernetze

(1) Die Mitgliedstaaten können veranlassen, dass ein Netz, über das in einem begrenzten Industrie- oder Gewerbegebiet oder einem Gebiet, in dem Leistungen gemeinsam genutzt werden, Erdgas verteilt wird, wobei – unbeschadet des Absatzes 4 – keine Haushaltskunden versorgt werden, von den nationalen Regulierungsbehörden oder sonstigen zuständigen Behörden als geschlossenes Netz eingestuft wird, wenn

a) die Tätigkeiten oder Produktionsverfahren der Benutzer dieses Netzes aus konkreten technischen oder sicherheitstechnischen Gründen verknüpft sind, oder

b) Erdgas über das Netz in erster Linie an den Netzeigentümer oder -betreiber oder an von dem Netzeigentümer oder -betreiber abhängige Unternehmen verteilt wird.

(2) Die Mitgliedstaaten können veranlassen, dass die nationalen Regulierungsbehörden den Betreiber eines geschlossenen Verteilernetzes von der Verpflichtung gemäß Artikel 32 Absatz 1 freistellen, wonach Tarife oder die Methoden zu ihrer Berechnung vor dem Inkrafttreten der Tarife gemäß Artikel 41 genehmigt werden.

(3) Wenn eine Freistellung nach Absatz 2 gewährt wird, werden die geltenden Tarife oder die Methoden zu ihrer Berechnung auf Verlangen eines Benutzers des geschlossenen Verteilernetzes gemäß Artikel 41 überprüft und genehmigt.

---

168 RL 2009/73/EG.

(4) Die gelegentliche Nutzung des Verteilernetzes durch eine geringe Anzahl von Haushalten, deren Personen ein Beschäftigungsverhältnis oder vergleichbare Beziehungen zum Eigentümer des Verteilernetzes unterhalten und die sich in dem durch ein geschlossenes Verteilernetz versorgten Gebiet befinden, steht der Gewährung der Freistellung nach Absatz 2 nicht entgegen.

Recitals 30 of the Electricity Directive 2009
and 28 of the Gas Directive 2009

„Where a closed distribution system is used to ensure the optimal efficiency of an integrated energy supply requiring specific operational standards, or a closed distribution system is maintained primarily for the use of the owner of the system, it should be possible to exempt the distribution system operator from obligations which would constitute an unnecessary administrative burden because of the particular nature of the relationship between the distribution system operator and the users of the system. Industrial, commercial or shared services sites such as train station buildings, airports, hospitals, large camping sites with integrated facilities or chemical industry sites can include closed distribution systems because of the specialised nature of their operations."

Article 28 Electricity Directive 2009

Closed distribution systems

1. Member States may provide for national regulatory authorities or other competent authorities to classify a system which distributes electricity within a geographically confined industrial, commercial or shared services site and does not, without prejudice to paragraph 4, supply household customers, as a closed distribution system if:

(a) for specific technical or safety reasons, the operations or the production process of the users of that system are integrated; or

(b) that system distributes electricity primarily to the owner or operator of the system or their related undertakings.

2. Member States may provide for national regulatory authorities to exempt the operator of a closed distribution system from:

(a) the requirement under Article 25(5) to procure the energy it uses to cover energy losses and reserve capacity in its system according to transparent, non-discriminatory and market based procedures;

(b) the requirement under Article 32(1) that tariffs, or the methodologies underlying their calculation, are approved prior to their entry into force in accordance with Article 37.

3. Where an exemption is granted under paragraph 2, the applicable tariffs, or the methodologies underlying their calculation, shall be reviewed and approved in accordance with Article 37 upon request by a user of the closed distribution system.

4. Incidental use by a small number of households with employment or similar associations with the owner of the distribution sys-

tem and located within the area served by a closed distribution system shall not preclude an exemption under paragraph 2 being granted.

Article 28 Gas Directive 2009
Closed distribution systems

1. Member States may provide for national regulatory authorities or other competent authorities to classify a system which distributes gas within a geographically confined industrial, commercial or shared services site and does not, without prejudice to paragraph 4, supply household customers, as a closed distribution system if:

(a) for specific technical or safety reasons, the operations or the production process of the users of that system are integrated; or

(b) that system distributes gas primarily to the owner or operator of the system or to their related undertakings.

2. Member States may provide for national regulatory authorities to exempt the operator of a closed distribution system from the requirement under Article 32(1) that tariffs, or the methodologies underlying their calculation, are approved prior to their entry into force in accordance with Article 41.

3. Where an exemption is granted under paragraph 2, the applicable tariffs, or the methodologies underlying their calculation, shall be reviewed and approved in accordance with Article 41 upon request by a user of the closed distribution system.

4. Incidental use by a small number of households with employment or similar associations with the owner of the distribution system and located within the area served by a closed distribution system shall not preclude an exemption under paragraph 2 being granted.

Literaturverzeichnis

Aretz, Christoph / Niehörster, Christof, Bewegung im deutschen Gasmarkt - Beiträge unter den Decknamen GABi und KOV III, GWF 149 (2008), 479

Arzt, Clemens, Strompreisaufsicht im Vergleich, Düsseldorf 1991

Becker, Sebastian, Die Objektnetzausnahme auf dem europarechtlichen Prüfstand - Eine Bestandsaufnahme, RdE 2008, 126

Becker, Sebastian, Individuelles Energiewirtschaftsrecht, Essen 2009

Becker, Sebastian, Kurzbesprechung der Schlussanträge des Generalanwalts Jan Mazak vom 12. 12. 2007 in der Rechtssache C-439/06 (citiworks AG/Sächsisches Staatsministerium für Wirtschaft und Arbeit) - Europarechtskonformität von § 110 I Nr. 1 EnWG, EuZW 2008, 101

Becker, Sebastian, Zur Europarechtskonformität von § 110 EnWG, IR 2007, 50

Bier, Wolfgang, Anm. zu BVerwG Urt. v. 11.1.2007, jurisPR-BVerwG 10/2007 Anm. 4

Blanke, Hermann-Josef, Vertrauensschutz im deutschen und europäischen Verwaltungsrecht, Tübingen 2000

Boesche, Katharina Vera / Wolf, Maik, Das Ende der „kleinen" Netze, ZNER 2008, 123

Boesche, Katharina Vera / Wolf, Maik, Viel Lärm um kleine Netze. 110 EnWG und die Behandlung von Objekt- und Arealnetzen nach den §§ 17, 20 EnWG und §§ 19, 20 GWB, ZNER 2005, 285

Boesche, Katharina Vera, Die zivilrechtsdogmatische Struktur des Anspruchs auf Zugang zu Energieversorgungsnetzen, Baden-Baden 2003

Britz, Gabriele / Hellermann, Johannes / Hermes, Georg (Hrsg.), EnWG Kommentar, München 2008

Büdenbender, Ulrich, EnWG. Kommentar zum Energiewirtschaftsgesetz, Köln 2003

Buntscheck, Martin, Strom-Contracting nach „Mainova" - Ansprüche des Arealnetzbetreibers auf Anschluss an das vorgelagerte Mittelspannungsnetz, CuR 2005, 3

Burmeister, Thomas / Krause, Markus, Werksnetze: Der Versuch einer Begriffsbestimmung im novellierten EnWG, emw 2005 (Heft 4), 22

Danner, Wolfgang / Theobald, Christian (Hrsg.), Energierecht, Bd. 1 Stand 61. Erg.-lfg. Okt. 2008

de Wyl, Christian / Becker, Sebastian, Die Objektnetzausnahme des § 110 EnWG, ZNER 2006, 101

Ehricke, Ulrich, Staatliche Eingriffe in den Wettbewerb - Kontrolle durch Gemeinschaftsrecht, Baden-Baden 1994

Frenz, Walter, Quoten, Zertifikate und Gemeinschaftsrecht, DVBl. 2001, 673

Fritzsche, Jörg, „Notwendige" Wettbewerbsbeschränkungen im Spannungsfeld von Verbot und Freistellung nach Art 85 EGV, ZHR 160 (1996), 31

Füller, Jens T., Deregulierung durch europäisches Kartellrecht, ARSP-Beiheft 83 (2002), 121

Gabler, Andreas, Regulierung privater Netze? CuR 2007, 128

Haack, Stefan, Die Bestandskraft gemeinschaftsrechtswidriger Verwaltungsakte, JURA 2008, 739

Habich, Holger, Objektnetze: Praktikabler Ausweg aus der Regulierung? DVBl. 2006, 211

Hartmann, Thies Christian / Hackert, Michael, Arealnetze und Objektversorgung im Belastungsausgleich nach dem Erneuerbare-Energien-Gesetz - die bemerkenswerte Karriere eines Urteils, RdE 2005, 160

Heß, Burkhard, Die Einwirkungen des Vorabentscheidungsverfahrens nach Art. 177 EGV auf das deutsche Zivilprozeßrecht, ZZP 108 (1995), 59

Holznagel, Bernd / Schuhmacher, Pascal, ZNER 2006, 210

Hummel, David, Die Missachtung des parlamentarischen Gesetzgebers durch die Fachgerichte unter dem Deckmantel des Anwendungsvorrangs europäischen Rechts, NVwZ 2008, 36

Immenga, Ulrich / Mestmäcker, Ernst-Joachim (Hrsg.), Kommentar zum Wettbewerbsrecht, Bd. II GWB, München 2007

Kanitz, Ralf / Wendel, Mattias, Gemeinschaftsrechtlich gebotene Grenzen der Bestandskraftdurchbrechung im europäischen Verwaltungsverfahren? – Zur Frage prozessualer Vorbedingungen und zeitlicher Schranken der Überprüfungspflicht bestandskräftiger Verwaltungsakte, EuZW 2008, 231

Knieps, Günter, Wettbewerbsökonomie, 3. Aufl., Berlin u. Heidelberg 2008

Krebs, Harald, Die Entscheidung der Regulierungsbehörde nach § 110 Abs. 4 EnWG, RdE 2006, 115

Krebs, Harald, Objektnetze im neuen Energiewirtschaftsgesetz, ew 2005, 20

Kühling, Jürgen / Pisal, Ruben, Objektnetzbetreiber zwischen EuGH und Europäischem Parlament, IR 2009, 74

Kühling, Jürgen, Sektorspezifische Regulierung in den Netzwirtschaften, München 2004

Küper, Michel H., Anmerkung zu OLG Dresden v. 17.10.2006, W 1109/06 Kart, RdE 2007, 129

Kussel, Stephanie, Der Rechtsrahmen für die Privilegierung von Objektnetzen nach § 110 EnWG, N&R 2007, 21

Leidinger, Tobias / Berger, Peter, Ausnahmen von der Regulierung – Zur Definition und Abgrenzung regulierungsfreier Tatbestände nach dem EnWG, RdE 2009, 161

Leinenbach, Ralf M., Die Feststellung des Objektnetzstatus durch die Regulierungsbehörde, CuR 2006, 50

Lippert, Michael, Beitrag der Arealversorgung zu einer zukunftsfähigen Energieversorgung - Rechtlicher Rahmen, WiVerw 2005, 84

Lippert, Michael, Typen der Arealversorgung und das zukünftige Energiewirtschaftsrecht, in: Hans-Jörg Birk (Hrsg.), FS für Driehaus - Zwischen Abgabenrecht und Verfassungsrecht, Herne u. Berlin 2005, S. 296

Markert, Kurt, Durchleitung von Strom und Gas: Allgemeines Kartellrecht oder Sonderregelung?, BB 1997, 1421

Meinhold, Wilko, Netzanschluss von Areal- und Objektnetzen nach „Mainova" und dem neuen EnWG, Auftrieb für Kraft-Wärme-Kopplung und Contracting? ZNER 2005, 196

Mestmäcker, Ernst-Joachim, Staat und Unternehmen im europäischen Gemeinschaftsrecht, RabelsZ 52 (1988), 526

Mestmäcker, Ernst-Joachim /Schweitzer, Heike, Europäisches Wettbewerbsrecht, 2. Aufl., München 2004

Nolte, Norbert, Anmerkung zu EuGH, Urteil vom 19.9.2006 - C-392/04 und C-422/04, MMR 2007, 30

Ortlieb, Birgit, Objektnetze - Schlussanträge des Generalanwaltes Jan Mazak (Aktenzeichen C-439/06) vom 13. Dezember 2007 zur Frage der Europarechtswidrigkeit von § 110 EnWG, ZNER 2008, 49

Papier, Hans-Jürgen, Durchleitungen und Eigentum, BB 1997, 1213

Rebhahn, Robert, Der Arbeitnehmerbegriff in vergleichender Perspektive, RdA 2009, 154

Säcker, F.J. / Rixecker, Roland (Hrsg.), Münchener Kommentar zum Bürgerlichen Gesetzbuch, Bd. I, 5. Aufl. 2006

Rosin, Peter, Die Privilegierung von Objektnetzen nach § 110 EnWG, RdE 2006, 9

Ruhle, Ernst-Olav / Heger, Heiko, Spielräume und offene Punkte bei der Regelung zu Durchleitungsentgelten in der EnWG-Novelle, WuW 2004, 484

Säcker, F.J. (Hrsg.), Berliner Kommentar zum Energierecht, 1. Aufl., München 2004

Säcker, F.J. (Hrsg.), Berliner Kommentar zum Energierecht, 2. Aufl., Frankfurt a.M., 2009

Säcker, F.J. (Hrsg.), Berliner Kommentar zum Telekommunikationsgesetz, 2. Aufl., Frankfurt a.M. 2009

Säcker, F.J., Zur gerichtlichen Kontrolle der Angemessenheit von Stromnutzungsentgelten, N&R 2008, 134

Salje, Peter, Kommentar zum Energiewirtschaftsgesetz, Köln. u.a. 2006

Salje, Peter, Möglichkeiten und Grenzen zur Freistellung von eigenerzeugtem Strom von der EEG-Umlage, IR 2008, 102

Schau, Götz-Friedrich, Wann ist ein Netz ein Netz? (Teil 1), IR 2007, 98

Schebstadt, Arnd, Anmerkung zur Entscheidung „Mainova", RdE 2005, 226

Schneider, Jens-Peter / Theobald, Christian (Hrsg.), Recht der Energiewirtschaft, 2. Aufl. 2008

Schneider, Jens-Peter, Liberalisierung der Stromwirtschaft durch regulative Marktorganisation, Baden-Baden 1999

Scholtka, Boris / Helmes, Sebastian, Das Objektnetz ist tot. Es lebe das Industrienetz, NVwZ 2008, 1310

Scholz, Rupert, Zum Verhältnis von europäischem Gemeinschaftsrecht und nationalem Verwaltungsrecht, DÖV 1998, 261

Schroeder-Czaja, Hanna, Anwendbarkeit der Werksnetzausnahme nach § 110 EnWG-Entwurf auf Flughafennetze?, IR 2005, 53, 55.

Schroeder-Czaja, Hanna / Jacobshagen, Ulf, Objekt- und Arealnetze (Teil 1): Neue Netzbegriffe vor dem Hintergrund des EnWG 2005, IR 2006, 50

Schroeder-Czaja, Hanna / Jacobshagen, Ulf, Objekt- und Arealnetze (Teil 2): Privilegierung der Objektnetze gemäß § 110 EnWG, IR 2006, 78

Stelkens, Paul / Bonk, Heinz Joachim / Sachs, Michael (Hrsg.), Verwaltungsverfahrensgesetz, 7. Aufl. 2008

Strohe, Dirk, Areal- und Objektnetze, et 2005, 747

Stumpf, Cordula / Gabler, Andreas, Netzzugang, Netznutzungsentgelte und Regulierung in Energienetzen nach der Energierechtsnovelle, NJW 2005, 3174

Von Danwitz, Thomas, Regulation and Liberalization of the European Electricity Market - A German View, Energy Law Journal 27 (2006), 423

Wagemann, Markus, Anschluss und Betrieb von Arealnetzen aus kartellrechtlicher Sicht, emw 2004 (Heft 6), 6

Wolf, Maik, Anmerkung zu BGH, Beschl. v. 14.8.2008 - Stadtwerke Engen, ZWeR 2009, 232

Veröffentlichungen des Instituts für deutsches und europäisches Wirtschafts-, Wettbewerbs- und Regulierungsrecht der Freien Universität Berlin

Herausgegeben von Franz Jürgen Säcker

Band 1 Franz Jürgen Säcker (Hrsg.): Deutsch-russisches Energie- und Bergrecht im Vergleich. Ergebnisse einer Arbeitstagung vom 31. März / 1. April 2006. 2007.

Band 2 Franz Jürgen Säcker / Walther Busse von Colbe (Hrsg.): Wettbewerbsfördernde Anreizregulierung. Zum Anreizregulierungsbericht der Bundesnetzagentur vom 30. Juni 2006. 2007.

Band 3 Dirk Zschenderlein: Die Gleichbehandlung der Aktionäre bei der Auskunftserteilung in der Aktiengesellschaft. Zum Problem der Zulässigkeit der Weitergabe von Informationen an einzelne Aktionäre und Dritte. 2007.

Band 4 Simone Kirchhain: Die Anwendung der Vertikal-GVO auf innerstaatliche Wettbewerbsbeschränkungen nach der 7. GWB-Novelle. 2007.

Band 5 Franz Jürgen Säcker: Der Independent System Operator. Ein neues institutionelles Design für Netzbetreiber? 2007.

Band 6 Stefanie Otto: Allgemeininteressen im neuen UWG. § 1 S. 2 UWG und die wettbewerbsfunktionale Auslegung. 2007.

Band 7 Jochen Eichler: Vertragliche Dritthaftung. Eine Auseinandersetzung mit der Frage der Dritthaftung von sogenannten Experten und anderen Auskunftspersonen im Rahmen des § 311 Abs. 3 BGB. 2007.

Band 8 Markela Stamati: Die Anforderungen der operationellen Entflechtung nach den Beschleunigungsrichtlinien der Europäischen Kommission. Umsetzung in Deutschland und Griechenland. 2008.

Band 9 Franz Jürgen Säcker: The Concept of the Relevant Product Market. Between Demand-Side Substitutability and Supply-Side - Substitutability in Competition Law. 2008.

Band 10 Renate Rabensdorf: Die Durchgriffshaftung im deutschen und russischen Recht der Kapitalgesellschaften. Eine rechtsvergleichende Untersuchung. 2009.

Band 11 Franz Jürgen Säcker: Der beschleunigte Ausbau der Höchstspannungsnetze als Rechtsproblem. Erläutert am Beispiel der 380-kV-Höchstspannungsleitung Lauchstädt – Redwitz – Grafenrheinfeld mit Querung des Rennsteigs im Naturpark Thüringer Wald. 2009.

Band 12 Helen Mahne: Eigentum an Versorgungsleitungen. 2009.

Band 13 Franz Jürgen Säcker (Hrsg.): Russisches Energierecht - Gesetzessammlung. 2009.

Band 14 Franz Jürgen Säcker / Maik Wolf: Integrierte Energieversorgung in geschlossenen Verteilernetzen. Zum Gestaltungsspielraum des Gesetzgebers zur Neuregelung des § 110 EnWG im Lichte des Dritten EG-Energiepakets. 2009.

www.peterlang.de